Workshops

Vorbereiten, durchführen, nachbereiten

Susanne Beermann
Monika Schubach
Eva Augart

Inhalt

Vorwort

Immer öfter veranstalten Unternehmen Workshops mit ihren Mitarbeitern, wenn grundlegende Aufgaben oder Probleme gelöst werden sollen. Das Besondere an Workshops: Die Teilnehmer erarbeiten darin gemeinsam Ideen und konkrete Maßnahmen – die hinterher in der Praxis umgesetzt werden! Das unterscheidet Workshops von Seminaren oder Tagungen und stellt ihren großen Nutzen für Unternehmen und deren Mitarbeiter dar.

Ganz gleich, ob Sie öfter an Workshops teilnehmen, diese organisieren oder selbst leiten und moderieren: Mit den richtigen Vorgehensweisen und Werkzeugen können Sie entscheidend zum Erfolg beitragen.

Der TaschenGuide zeigt Ihnen zunächst, wie Sie Workshops planen und vorbereiten – von der Abstimmung der Ziele bis zur Buchung des Veranstaltungsorts. Sie erfahren außerdem, wie Sie den Workshop lebendig und effizient gestalten und mit welchen Moderations- und Kreativitätstechniken Sie die Arbeit der Teilnehmer unterstützen. Und nicht zuletzt gilt es, die Veranstaltung intensiv nachzubereiten und die Realisierung der beschlossenen Maßnahmen in die Wege zu leiten.

Zahlreiche, übersichtliche Checklisten, Fragenkataloge und Schritt-für-Schritt-Anleitungen helfen Ihnen dabei, Ihr Wissen in der Praxis umzusetzen.

Susanne Beermann, Monika Schubach und Eva Augart

Wozu Workshops sinnvoll sind

Workshops sind in Mode. Aber nicht überall, wo „Workshop" draufsteht, ist auch ein Workshop drin – das heißt: Allzu oft werden Workshops veranstaltet, in denen Aufgaben und Ziele nicht deutlich erkennbar sind und deren Wirkung somit in der Praxis verpufft.

Damit Ihnen das nicht passiert, lesen Sie im Folgenden,

- was einen Workshop gegenüber Seminaren oder Tagungen auszeichnet (S. 6),
- welche Kriterien ein Workshop erfüllen muss, um erfolgreich zu sein (S. 7),
- für welche Zwecke Sie welche Art von Workshop sinnvoll einsetzen können (S. 10).

Wofür Sie Workshops einsetzen

Ein Workshop ist ein Arbeitstreffen, bei dem sich eine bestimmte Anzahl von Personen mit einem bestimmten Thema auseinandersetzt. Das Ziel dabei: Maßnahmen für die Zukunft zu entwickeln, die dann im Arbeitsalltag umgesetzt werden. Der herausragende Nutzen eines Workshops ist also die Produktivität der Teilnehmer und die Umsetzung der Ergebnisse. Wie können Sie dieses wertvolle Instrument also am besten einsetzen?

Ideen, Strategien und Teambildung

- Ideen zu entwickeln, neue Wege zu suchen, das ist im Arbeitsalltag – aufgrund zahlreicher Routinetätigkeiten – oft nicht bzw. nur schwer machbar. Ein Workshop in entspannter Atmosphäre, an einem anderen Ort, mit ausgewählten Mitarbeitern und unter Anleitung eines erfahrenen Moderators, ermöglicht es, Ideen zu „spinnen", aus denen dann die nächsten Schritte abgeleitet werden können.

- Workshops bieten die ideale Gelegenheit, um gemeinsam mit Betroffenen und Verantwortlichen Maßnahmen für die Lösung anhaltender Probleme im Unternehmen zu erarbeiten.

- Auch was die manchmal schwierige Zusammenarbeit von Abteilungen, Teams oder gar verschiedenen Unternehmen betrifft, bietet ein Workshop oft den ersten Schritt zur Veränderung.

Der sekundäre Nutzen: Mitarbeiter motivieren

Ein großer Vorteil ist auch die Beteiligung der Betroffenen selbst: Die Bereitschaft, bestimmte Maßnahmen umzusetzen oder Veränderungen herbeizuführen, steigt durch einen Workshop. Denn die Mitarbeiter sind von vornherein in das Vorhaben eingebunden und können sich einbringen – sie identifizieren sich in der Regel also besser mit den erarbeiteten Maßnahmen und den folgenden Veränderungen. Außerdem kann durch das gemeinsame Arbeiten ein Gefühl der Zusammengehörigkeit entstehen, das im Alltag nur schwer herzustellen ist. Dies spielt vor allem dann eine wesentliche Rolle, wenn die Ergebnisse des Workshops später in einem Projekt umgesetzt werden sollen, bei dem die Teilnehmer des Workshops auch das Projektteam bilden.

Die wichtigsten Erfolgskriterien

Alle Workshop-Typen zeichnen sich durch gemeinsame Merkmale aus, die sie größtenteils zugleich von Seminaren oder Tagungen unterscheiden:

- Vor jedem Workshop steht ein bestimmter Ist-Zustand, den ein Unternehmen (ein Geschäftsführer, ein Abteilungsleiter, ein Gruppenleiter) ändern möchte.

- Im Workshop entwickeln die Teilnehmer Maßnahmen, um den Ist-Zustand zu verändern.

- Die Ergebnisse eines Workshops müssen also in den Alltag integrierbar sein und dort auch umgesetzt werden.

- Ein Workshop muss einen gewissen zeitlichen Spielraum besitzen und er findet grundsätzlich außerhalb des normalen Arbeitsalltags statt.

- Die Teilnehmer sind direkt von der Thematik betroffen oder Spezialisten auf diesem Gebiet.

Beispiele: Seminar, Tagung oder Workshop?

Seminar: Einige Vertriebsmitarbeiter weisen Defizite in der telefonischen Kundenberatung auf. Sie nehmen zur Weiterbildung an entsprechenden Seminaren teil, wo sie bestimmte Techniken erlernen oder vertiefen.

Tagung: Es wird ein neues Vertriebskonzept eingeführt. Verschiedene Experten halten Vorträge dazu, mit der Möglichkeit für die Teilnehmer, Fragen zu stellen und sich mit den Experten auszutauschen.

Workshop: Der Umsatz stagniert. Der Leiter einer Vertriebsabteilung möchte seine Mitarbeiter mit neuen Möglichkeiten der Kundenansprache und -bindung vertraut machen, aber nicht bestimmte Techniken vorher auswählen, sondern seine ganze Mannschaft auf eine völlig neue Herangehensweise bringen. Die Mitarbeiter sollen selbst nach Möglichkeiten suchen, den Verkauf zu steigern.

> Der besondere Nutzen eines Workshops für Unternehmen und ihre Mitarbeiter liegt auf der Hand: In einem Workshop generieren Mitarbeiter neue Ideen und Maßnahmen, um sie im Arbeitsalltag umzusetzen und somit das Unternehmen voranzubringen.

So unterschiedlich die Ziele eines Workshops auch sein mögen, es gibt Voraussetzungen, die bei keinem fehlen dürfen, da sonst die Produktivität, das Ziel jedes Workshops, nicht gewährleistet ist:

Checkliste: Voraussetzungen für den Workshop-Erfolg

- Ein Workshop muss außerhalb der Firma stattfinden.

- Er darf zeitlich nicht zu knapp bemessen sein.

- Es sollten die richtigen Mitarbeiter/Führungskräfte daran teilnehmen und dies in optimaler Anzahl.

- Ein Workshop muss geleitet werden: von einem externen oder internen Moderator bzw. von einer Führungskraft.

- Thema, Ziele, Aufgaben, Ergebnisse müssen vorher klar definiert sein.

- Auch der Ablauf muss genau geplant werden. Die Planung muss jedoch die Möglichkeit bieten, auf Änderungen zu reagieren, die während des Workshops – etwa durch die Arbeit in der Gruppe oder neue Ideen – eintreten.

- Der gesamte Workshop sollte in einer Wohlfühlatmosphäre stattfinden, sowohl was das „Drumherum" angeht als auch die Stimmung in der Gruppe.

- Die Ergebnisse des Workshops müssen nachbereitet, in den Arbeitsalltag integriert und die Umsetzung der Maßnahmen weiterverfolgt werden.

In den folgenden Kapiteln geben wir Ihnen alle notwendigen Informationen an die Hand, mit deren Hilfe Sie diese Erfolgskriterien umsetzen können.

Die Workshop-Typen

Workshops sind – wie beschrieben – in vielen Bereichen von Nutzen. Entsprechend lassen sich grob verschiedene Workshop-Typen klassifizieren.

Produkt-Workshops

Ziel: Ideen und Maßnahmen zur Entwicklung eines neuen Produkts oder zur Anpassung eines bestehenden Produkts an die (neuen) Erfordernisse des Marktes.

Beispiel: Workshop für neue Produktideen

 In einer Marktstudie wurde festgestellt, dass die vorhandene Bildbearbeitungssoftware des EDV-Unternehmens nicht mehr den aktuellen Anwender-Anforderungen entspricht. Die bestehende Software soll entsprechend angepasst werden und es soll zusätzlich ein völlig neues Produkt entwickelt werden. Herr Maier, Leiter der Software-Entwicklungsabteilung, möchte seine Mitarbeiter in diesen Entwicklungsprozess mit einbeziehen. Im Rahmen eines Workshops sollen Ideen entstehen, wie ein derart neues Produkt aussehen könnte.

Strategie-Workshop

Ziel: Erarbeiten von Konzepten und Strategien für Teams, Abteilungen oder das gesamte Unternehmen, in der Regel unter Ausrichtung auf die Produkt- bzw. Dienstleistungspalette und / oder die übergeordneten Unternehmensziele.

Beispiel: Workshop für Vermarktungsstrategien

 Das EDV-Unternehmen aus dem vorigen Beispiel hat mittlerweile die neue Bildbearbeitungssoftware entwickelt. Leider ist es bisher noch nicht so richtig gelungen, diese erfolgreich am

Markt zu positionieren. Trotz zahlreicher Überlegungen der Geschäftsleitung konnte bis dato noch kein Weg gefunden werden. Herr Müller, Leiter der Marketingabteilung schlägt daher einen Strategie-Workshop mit einigen ausgewählten Mitarbeitern vor. Er ist davon überzeugt, dass diese viele gute Ideen einbringen könnten. Ein Moderator, der bereits erfolgreich an ähnlichen Workshops mitgewirkt hat, hat ihm bereits seine Unterstützung zugesagt.

Problemlöse-Workshops

Ziel: Maßnahmen, mit denen bestimmte Probleme im Unternehmen (Workflow, Produktion, Logistik, Absatz usw.) in den Griff zu bekommen sind.

Beispiel: Workshop zur Lösung eines Kostenproblems

Während der Entwicklung der neuen Möbelserie wird von der Regierung die LKW-Maut um 3 Cent pro km erhöht. Dies würde bedeuten, dass das Produkt nicht mehr zum geplanten Preis auf den Markt gebracht werden kann, da die Transportkosten um ein Vielfaches steigen. Eine Lösung des Problems ist also zwingend notwendig. Im Rahmen eines Problemlöse-Workshops, bei dem sowohl Mitarbeiter des Controlling, der Logistikabteilung und des Vertriebs teilnehmen, wird ein Maßnahmenkatalog entwickelt, wie der Preis des Produktes trotz Erhöhung der Transportkosten beibehalten werden kann.

Teambildungs-Workshops

Ziel: Verbesserung der Zusammenarbeit innerhalb eines Teams, einer Abteilung, verschiedener Abteilungen oder zwischen Mitarbeitern verschiedener Unternehmen, z. B. bei Fusionen oder Übernahmen.

Beispiel: Fusion zweier Unternehmen

 Die Gemeinschaftsbank AG plant die Übernahme des Bankhauses Gebrüder Schmitt oHG. Die Mitarbeiter beider Unternehmen sollen in Zukunft Hand in Hand arbeiten. Die Vorstände der Gemeinschaftsbank AG sind sich darüber im Klaren, dass hier viel Fingerspitzengefühl notwendig ist, um dieses Ziel zu erreichen. Aus diesem Grund möchten sie – unter Mithilfe eines erfahrenen Referenten auf diesem Gebiet – für alle Mitarbeiter Workshops durchführen, deren Ziel es sein soll, dass sich alle mit dem neuen (gemeinsamen) Bankhaus identifizieren und somit auch weiterhin gute Arbeit leisten können.

Auf einen Blick: Wozu Workshops sinnvoll sind

- Der herausragende Nutzen eines Workshops: Die Teilnehmer entwickeln während eines Workshops aktiv Maßnahmen für die Praxis. Die Ergebnisse werden hinterher umgesetzt.

- Ein Workshop motiviert: Wer von vornherein an der Konzeption von Veränderungen beteiligt ist, trägt diese auch im Arbeitsalltag besser mit.

- Workshops eignen sich hauptsächlich für die Entwicklung von Produktideen, Strategien und Konzepten sowie zur Problemlösung und Teambildung.

Den Workshop organisieren

Mit einer guten Vorbereitung und Planung der äußeren Rahmenbedingungen legen Sie den Grundstein für einen erfolgreichen Workshop.

In diesem Kapitel lesen Sie,

- warum es so wichtig ist, die Ziele eines Workshops zu klären, und wie Sie dabei vorgehen (S. 14),
- wie Sie alle Rahmenbedingungen organisieren – vom Hotel bis zur Moderation (S. 19),
- was Sie bei der Terminabstimmung berücksichtigen sollten (S. 31) und
- wie Sie die bei der Auswahl und Buchung des Workshop-Ortes vorgehen (S. 32).

Thema und Ziele klären

Egal, ob Sie innerhalb Ihres Unternehmens einen Workshop organisieren und vorbereiten sollen oder ob Sie als externer Moderator mit einer Workshop-Durchführung beauftragt sind: An erster Stelle steht immer die Klärung des Themas und die Festlegung der Ziele des Workshops mit dem Auftraggeber, also Ihrem Chef bzw. dem zuständigen Ansprechpartner im Unternehmen, oder Ihrem Kunden.

> Ein Workshop ohne klar definierte Ziele lässt sich weder gut vorbereiten noch durchführen.

Ziele des Auftraggebers

Das Ziel eines Workshops ist das eine, das Ziel in der Praxis (nach dem Workshop) das andere. Deshalb muss zum einen definiert werden, welches Ergebnis am Ende des Workshops stehen soll und zum anderen, was mit diesen Ergebnissen in der Praxis gemacht werden soll. Das Ziel eines Workshops ist dann definiert, wenn Sie beides exakt und detailliert beschreiben, und zwar anschaulich, sinnvoll, realistisch, herausfordernd und messbar.

Beispiel: Ziele eines Teambildungs-Workshops

 Lassen Sie uns die Ziele am Beispiel unseres Teambildungs-Workshops der Gemeinschaftsbank AG darstellen. Ein mögliches Thema des Workshops wäre: „Aus zwei mach eins – wie wir Gemeinsamkeiten entwickeln können und diese umsetzen". Ziele des Workshops:

Die Mitarbeiter des Bankhauses Gebrüder Schmitt oHG erhalten die Gewissheit, dass ihre Tätigkeit im neuen Unternehmen genauso wichtig ist wie zuvor. Ihnen wird deutlich, dass sie nicht als Konkurrenz gesehen werden. Die Mitarbeiter der Gemeinschaftsbank AG sollen keine Angst davor haben, dass die (neuen) Mitarbeiter besser sein könnten.

Die Mitarbeiter beider Banken haben am Ende des Workshops den Wunsch, gemeinsam an einem gemeinsamen Ziel – der Weiterentwicklung der Gemeinschaftsbank AG – zu arbeiten.

Allen Mitarbeitern wird im Workshop deutlich, dass diese Veränderung im Unternehmen auch Veränderungen in ihrem direkten Arbeitsumfeld mit sich bringen wird und sie diese aktiv angehen sollten.

Wunschziel jedes Auftraggebers ist es, dass am Ende des Workshops bestimmte Ergebnisse vorliegen und diese in der Praxis umgesetzt werden. Nur wenn beide Punkte erreicht sind, wird der Auftraggeber von einem erfolgreichen Workshop sprechen. Und genau hier liegt die Schwäche vieler Workshops: Oft werden zwar die Ziele erreicht, in der Praxis werden die Ergebnisse jedoch nicht umgesetzt bzw. können es nicht, da z. B. die Rahmenbedingungen gar nicht gegeben sind. Dem können Sie entgegenwirken, wenn Sie bereits im Vorfeld stets eine Zieldefinition für den Workshop und eine Zieldefinition für die Praxis abstimmen und festlegen. Hier einige Beispiele:

Beispiele: Workshop- und Praxisziele

Ziele eines Workshops	Ziele in der Praxis
5 neue Produktideen	Bewertung und Auswahl durch die Geschäftsführung, Konzeption und Entwicklung mindestens eines neuen Produktes bis zum Ende des nächsten Geschäftsjahres

Konzept einer Vermark- tungsstrategie für das neue Produkt	Umsetzung der Strategie durch Abtei- lungen x und y, durch Mitarbeiter x und y, Absatzsteigerung um 20 % bis zum Ende des nächsten Geschäftsjah- res
10 Maßnahmen zur Kostenreduzierung bei Produkt X	Umsetzung der Maßnahmen, so dass das Produkt X trotz Maut-Erhöhung zum gleichen Preis angeboten werden kann und sich der geplante Gewinn nicht verringert

Auf diese Weise denken Sie schon in der Planungsphase des Workshops an die Umsetzung der Maßnahmen in der Praxis. Das Unternehmen spart dadurch viel Zeit, Arbeit und selbstverständlich auch Kosten. Wichtig ist: Schätzen Sie schon jetzt – bei der Abstimmung der Praxis-Ziele – die Chancen für die spätere Realisierung ab, d. h. die Praxis-Ziele müssen realistisch sein. Die Erfahrung zeigt leider, dass man sich meistens zu viel auf einmal vornimmt, sowohl für den Workshop selbst, als auch für die Praxis.

In jedem Fall müssen am Ende des Zielfindungsprozesses mit dem Auftraggeber ein klar definiertes Thema und klar definierte Ziele stehen.

Ein Workshop war dann erfolgreich, wenn sowohl die Ziele des Workshops als auch die Ziele der Praxis erreicht wurden. Wann und wie die Zielerreichung aussehen soll und auch woran sie gemessen werden kann, muss in den Zielen mitdefiniert sein.

Sekundäre Ziele festlegen

Nicht vernachlässigen sollten Sie im Vorfeld den sekundären Nutzen des Workshops, den Sie auch in Form von Zielen definieren können. Vor allem für Sie als Moderator sollten diese Sekundärziele keine untergeordnete Rolle spielen, denn im Workshop geht es ja nicht nur um die Produktion von Ideen oder Strategien, sondern auch um die Zusammenarbeit der Menschen mit all ihren Emotionen. Ihre Aufgabe muss es sein, dieses Miteinander zu unterstützen, zu begleiten, aber auch zu fordern, wenn es nicht bzw. nur wenig unter den Teilnehmern vorhanden ist.

Beispiel

 So ist das sekundäre Ziel eines Teambildungs-Workshops aufgrund einer Fusion, dass das Team auch auf emotionaler Ebene zusammenwächst und damit die Verbesserung und Intensivierung der Zusammenarbeit wesentlich erleichtert wird.

Ziele des Moderators

Ihr eigenes Ziel ist sehr eng an das Workshop-Ziel des Auftraggebers gekoppelt. Sie müssen mit Hilfe Ihrer Planung und unter Zuhilfenahme verschiedener Methoden das Workshop-Ziel des Auftraggebers erreichen. In unserem Beispiel: den Teamgeist der Gruppe stärken. Sie als Moderator haben den Vorteil, bestimmte Erfolgskriterien bereits während des Workshops beurteilen zu können. Findet z. B. ein reger Austausch unter den Teilnehmern statt, sind sie auf dem richtigen Weg. Herrscht eisiges Schweigen oder kaum Austausch, ist es an Ihnen, Mittel und Wege zu finden, dies zu ändern.

Ziele der Teilnehmer

Auch die Mitarbeiter verbinden Ihre Teilnahme an einem Workshop mit einem bestimmten Ziel. Dies kann z. B. der Wunsch nach konkreten Maßnahmen sein, bestimmte Aufgabenbereiche besser zu bewältigen oder mit Kollegen fruchtbarer zusammenzuarbeiten, um Reibungen zu verhindern. In der Praxis gibt es hier zwei grundsätzlich unterschiedliche Auftragsarten:

- Der Auftraggeber gibt Thema und Ziele des Workshops vor. Dann sollten Sie im Rahmen der Abstimmungen mit ihm auch stets die Ziele der Mitarbeiter aus seiner Sicht abfragen.

- Entsteht die Workshop-Idee bereits im Rahmen eines Projektteams oder Führungskräftekreises empfiehlt es sich, zur Klärung der Ziele der potenziellen Teilnehmer eine kurze Besprechung abzuhalten. Teilnehmer, die zu solch einem frühen Zeitpunkt miteinbezogen werden, sind für den Workshop motivierter.

Beispiel

 Ziel der Teilnehmer ist es in unserem Beispiel wohl, die Kollegen etwas näher kennenzulernen, mehr über sie zu erfahren, Gemeinsamkeiten und Möglichkeiten der Zusammenarbeit zu finden bzw. zu gestalten usw. Für die Teilnehmer ist der Workshop dann erfolgreich verlaufen, wenn bereits währenddessen Ideen für Aktivitäten (regelmäßige Treffen, Neuschaffung von Schnittstellen für verbesserte Kommunikation und Information, gemeinsame Freizeitaktivitäten usw.) entwickelt werden.

Organisatorische Eckdaten klären

Bevor Sie mit der genauen Planung des Workshops beginnen, sollten folgende Fragen beantwortet werden (in den meisten Fällen werden diese mit dem Auftraggeber abgestimmt):

- Welcher finanzielle Rahmen steht zur Verfügung?
- Wie lange soll der Workshop dauern?
- Wo soll der Workshop stattfinden?
- Wer soll teilnehmen?
- Soll der Workshop moderiert sein und von wem?
- Wem sollen die Ergebnisse wie präsentiert werden?
- Soll ein Rahmenprogramm, z. B. Outdoor-Aktivitäten, stattfinden?

Die Beantwortung einiger dieser Fragen steht in einem sehr engen Zusammenhang: Beispielsweise bedingt das Budget den Ort und die Dauer: Auch die Frage nach dem Moderator oder die Frage nach Mitarbeitern, die unbedingt am Workshop teilnehmen müssen, kann die Dauer der Veranstaltung beeinflussen.

Wir empfehlen folgende Vorgehensweise: Sammeln Sie – z. B. in einem ersten Gespräch mit dem Auftraggeber – die im Folgenden beschriebenen Informationen, entwerfen Sie dann die Grobplanung, stimmen Sie diese noch einmal ab und erst dann gehen Sie in die Detailplanung, z. B. zur Suche eines konkreten Veranstaltungsortes oder zur Einladung der Teilnehmer.

Der finanzielle Rahmen

Das Budget stellt das wichtigste Entscheidungskriterium für die Gestaltung eines Workshops dar. Klären Sie es deshalb vor allen anderen Punkten mit dem Auftraggeber. Nicht immer steht so viel Geld zur Verfügung, wie notwendig wäre. Bei sinnvoller und wohlüberlegter Planung, Kalkulation und Durchführung lässt sich aber auch mit einem geringen Budget ein erfolgreicher Workshop gestalten. Wo Einsparpotenziale bei der Wahl des Ortes, der Dauer und der teilnehmenden Mitarbeiter bestehen, zeigen wir Ihnen im Detail auf den folgenden Seiten.

Dauer

Für die Dauer des Workshops sind immer mehrere Kriterien von Bedeutung: Die Art des Workshops – in unserem Beispiel ein Strategie-Workshop – und der finanzielle Rahmen. Darüber hinaus muss natürlich auch immer berücksichtigt werden, wie viele Tage die Mitarbeiter in ihrem normalen Berufsumfeld problemlos fehlen können. Zur Festlegung der Dauer sollten Sie also verschiedene Faktoren berücksichtigen:

- In vielen Fällen gibt Ihnen der Auftraggeber die Dauer vor, weil er zwar Ergebnisse möchte, die Ausfallzeiten der teilnehmenden Mitarbeiter jedoch auf ein Minimum beschränken möchte. Bei der späteren inhaltlichen Planung (siehe S. 41) muss der Ablauf unbedingt auf diese Dauer zugeschnitten werden. Das Gleiche gilt für die Fälle, in denen Ihnen ein festes Budget für den Workshop zur Verfügung steht. Ein mehrtägiger Workshop schließt sich eventuell schon dadurch aus, dass für die Teilnehmer kein Übernachtungs-Budget zur Verfügung steht. Wenn das Budget sehr knapp ist, könnten mehrtätige Workshops notfalls auch an Orten veranstaltet werden, an denen die Teilnehmer am Abend nach Hause fahren können.

- In Fällen, in denen es Ihre Aufgabe ist, die Dauer festzulegen, sollten Sie zunächst grob die Inhalte und den Ablauf planen, um dann auf eine passende Dauer schließen zu können.

> Bei mehrtägigen Workshops halten wir zwei Tage für eine ideale Dauer und drei Tage für möglich, wenn z. B. das Thema sehr komplex ist oder der Workshop sehr viele Teilnehmer hat.

Ort

Die Wahl des Workshop-Ortes ist eng an den finanziellen Rahmen gekoppelt. Steht ein geringes Budget zur Verfügung, werden Workshops oft in den eigenen Besprechungsräumen durchgeführt. Theoretisch ist das durchaus denkbar, allerdings müssen dann bestimmte Verhaltensregeln unbedingt eingehalten werden. Keiner der Teilnehmer sollte z. B. schnell mal in der Pause in seine Abteilung huschen oder die Mittagspause für eine Besprechung nutzen.

Idealerweise ist der Tagungsort weit genug von der Firma entfernt. So treten die oben beschriebenen Gefahren erst gar nicht auf. Allerdings setzt Ihnen hier meist das Budget Grenzen, wenn es keine hohen Reisekosten zulässt. Da es mittlerweile eine große Zahl schön gelegener Seminarhotels / -häuser gibt, wählen viele Firmen einen Veranstaltungsort, der mit dem Auto in ein bis drei Stunden zu erreichen ist. Das ist praktisch und dennoch weit genug entfernt. In anderen Fällen wünscht der Auftraggeber, dass der Workshop in einer weit entfernten oder außergewöhnlichen Umgebung stattfindet, um die Mitarbeiter – z. B. einen Führungskräftekreis – zu motivieren. Eine Voraussetzung gilt in jedem Fall: Der Veranstaltungsort muss mit allen Verkehrsmitteln (Bahn, Auto oder Flugzeug) gut zu erreichen sein. Prinzipiell stehen Ihnen folgende Möglichkeiten zur Verfügung:

Vor– und Nachteile verschiedener Veranstaltungsorte	
Ort	Vorteile / Nachteile
innerhalb der Firma	+ geringe Kosten
	– Gefahr, dass die Teilnehmer während des Workshops Tagesgeschäft erledigen; geringere Konzentration der Teilnehmer auf den Workshop
nah an der Firma	+ leicht zu erreichen; geringere Reisekosten
weiter entfernt	+ verstärkt das Gefühl der Auszeit für die Teilnehmer vom Arbeitsalltag
	– höhere Reisekosten und längere Reisezeiten
Stadt	+ kulturelle Möglichkeiten als Rahmenprogramm, leicht mit der Bahn zu erreichen
Natur	+ entspannende Atmosphäre; Outdoor-Unternehmungen als Rahmenprogramm

einfaches Hotel	+ geringere Kosten, besonders bei eintägigen Workshops und bei geringem Budget
Hotel mit Zusatzangeboten wie Wellness	+ zusätzliche Motivation der Mitarbeiter (Incentive-Charakter); Wohlfühlatmosphäre, die zum Arbeiten motiviert – höhere Kosten
Seminarhaus	+ konzentrierte Arbeitsatmosphäre; geringere Kosten, v. a. bei eintägigen Workshops

Haben Sie sich mit dem Auftraggeber prinzipiell auf eine Richtung geeinigt und stehen Dauer und Teilnehmerzahl fest, können Sie einen konkreten Veranstaltungsort suchen, auswählen und buchen (siehe ab S. 32).

Teilnehmerzahl

„Nicht zu viele" und „nicht zu wenige", so hören wir oft. Doch was ist die optimale Teilnehmerzahl? Egal, um welche Workshop-Art es sich handelt, unsere Erfahrungen haben gezeigt, dass zwischen 12 und 16 Teilnehmer optimal sind. Natürlich hängt die Zahl auch davon ab, wie viele Personen involviert sind, wie viele Entscheider aufgrund des Workshop-Ziels notwendig sind usw. Am besten stimmen Sie mit dem Auftraggeber die grobe Richtung ab, um danach an die Detailplanung zu gehen (siehe ab S. 37).

Moderation

Die Frage der Moderation ist immer wieder ein Thema. Manche Auftraggeber würden die hierfür anfallenden Kosten gerne einsparen. In den meisten Fällen wird hier jedoch an der falschen Stelle gespart. Die Aufgabe des Moderators ist es, die Teilnehmer auf den Workshop vorzubereiten, sie zu leiten, anzuregen, bei Problemen beratend zur Seite zu stehen und vieles mehr. Auch wenn der Moderator keine produktive Rolle spielt (er arbeitet ja nicht selbst an der Umsetzung der Aufgabe und am Erreichen des Workshopzieles mit), ist er deshalb unserer Meinung nach unerlässlich. Diskutieren ließe sich allerdings, ob immer ein externer Moderator beauftragt werden muss. Folgende Gegenüberstellung hilft Ihnen bei der Entscheidung:

Moderator	Vorteile / Nachteile
extern	+ Objektivität gegenüber allen Teilnehmern; meist höhere Professionalität und mehr Erfahrung
	− zusätzliche Kosten
intern: Führungskraft	+ kostenneutral; bessere Kenntnis firmeninterner Rahmenbedingungen
	− eventuell fehlende Objektivität und autoritäres Verhalten; eventuell Befürchtungen bzw. Vorbehalte der Teilnehmer
intern: Kollege	+ kostenneutral; meist bessere Kenntnis firmeninterner Rahmenbedingungen
	− eventuell fehlende Objektivität; eventuell mangelnde Anerkennung seiner Aufgabe durch die teilnehmenden Kollegen

Fazit: Unserer Meinung nach ist die externe Moderation immer die erste Wahl. Ausführlich beschreiben wir die Anforderungen an den Moderator im Kapitel „Aufgaben des Moderators" ab S. 103.

Ergebnispräsentation

Jeder Auftraggeber möchte wissen, welches Ergebnis die Gruppe im Workshop erarbeitet hat. Eine Ergebnispräsentation ist daher in jedem Fall unerlässlich. Klären Sie daher mit Ihrem Auftraggeber, welche Form er bevorzugt. Möglich sind u. a. (auch in Kombination):

- Posterpräsentation innerhalb des Unternehmens. Vorteil: visualisierte Inhalte wirken stärker und sind an keinen festen Zeitpunkt gebunden.

- Eine kurze oder auch ausführliche schriftliche Dokumentation. Vorteil: detaillierte und nachhaltige Informationen, die für weitere Maßnahmen verwendet werden kann. Kein fester Termin nötig.

- Ein Vortrag des Workshop-Leiters oder einiger Teilnehmer vor einer Auswahl von Führungskräften oder Mitarbeitern des Unternehmens. Vorteil: große Wirkung bei Workshops, die z. B. größere Veränderungen im Unternehmen einläuten sollen. Der persönliche Kontakt zu Entscheidern und Auftraggebern ermöglicht die bessere Vermittlung der Inhalte und zugleich das nötige Networking.

Rahmenprogramm

Hochseilgarten, Nachtwanderungen, Kochkurse usw. – immer öfter werden diese Rahmenprogramme angeboten, v. a. bei Teambildungs- oder Teamentwicklungsworkshops. Doch warum? Kommunikationsfähigkeit, Vertrauen und die Bereitschaft zur Kooperation mit sind grundlegende Voraussetzungen für die Teamarbeit. Durch das gemeinsame Erlebnis z. B. in einem Hochseilgarten, bei dem jeder auf jeden angewiesen ist (Vertrauen), miteinander Aufgaben gelöst werden müssen (Kooperation) und deswegen auch viel miteinander gesprochen werden muss (Kommunikation), können Teams entstehen, die diese Fähigkeiten auch im Berufsalltag gewinnbringend einsetzen können.

In einem gemeinsamen Kochkurs ist z. B. das Denken in Projekten und Prozessen unabdingbar. Ein Menü soll gezaubert werden (Projektdenken). Es muss also vorab überlegt werden: Wer macht was in welcher Reihenfolge, mit welchem Zeitaufwand (Prozessdenken), wer muss mit wem zusammenarbeiten, damit alles gelingen kann (Kooperation)? Soziale Kompetenz, Vertrauen in die Arbeit des anderen und natürlich die Kommunikation untereinander werden gefördert. Und das gemeinsame Genießen des gelungenen Menüs erhöht das Gruppengefühl.

Doch Achtung! Rahmenprogramme sollten etwas Besonderes sein und nur dann eingesetzt werden, wenn es wirklich sinnvoll erscheint. Ähnlich wie früher beim abendlichen Besuch der Kegelbahnen könnte es sonst auch hier schnell zu einer allgemeinen Unlust der Teilnehmer kommen. Gedanken wie „Oh Gott, schon wieder eine Nachtwanderung!" sind nicht sonderlich förderlich für einen Teambildungsprozess.

> Mit Rahmenprogrammen wie Fackelwanderungen, Hochseilgarten, Win-
> terrodeln und Kochkursen sollten Sie unserer Meinung wohldosiert um-
> gehen. Zwingen Sie nie einen Teilnehmer zu einer Aktion, die er nicht
> machen möchte.

Doch wie gehen Sie mit Teilnehmern um, die bereits mit
einem sogenannten „action overkill" anreisen? Sie zu der
Aktion zu zwingen, wäre sicherlich kontraproduktiv. Sie als
Moderator können lediglich versuchen, den Grund für diese
Haltung in Erfahrung zu bringen, um dann eine für beide
Seiten sinnvolle Lösung zu finden.

Die Kosten kalkulieren

Bei der Kalkulation gibt es zwei grundsätzliche Möglichkeiten: Sie bekommen vom Auftraggeber ein Budget vorgege-
ben. Ihre Kalkulation darf dieses also nicht überschreiten,
denn schließlich möchten Sie ja weiterhin für ihn tätig sein.
Oder: Der Auftraggeber lässt das Budget offen bzw. gibt
lediglich einen Rahmen an. Sie sollen den Workshop konzi-
pieren und ein Angebot erstellen.

Beispiele: Zwei Arten der Budgetplanung

 Festes Budget: Die Firma Y hat Sie beauftragt, für die Vertriebsabteilung einen Workshop durchzuführen. Für diesen
Workshop wird Ihnen eine Summe von 10.000 Euro zur Verfügung gestellt, die für alle anfallenden Kosten ausreichen muss.

Angebot erstellen: Die Firma Y möchte, dass Sie als Moderator
einen zweitägigen Workshop für Führungskräfte durchführen.
Dieser soll möglichst in einem hochwertigen Hotel mit Rahmenprogramm stattfinden. Sie werden gebeten, ein Angebot für den
gesamten Workshop zu erstellen.

Diese Kosten fallen an

Kostenfaktor	Beinhaltet
Kosten für externen Moderator bzw. Experten	Moderatoren rechnen meist nach Tagessätzen ab. Bei mehrtägigen Workshops: Anzahl der Tage x Tagessatz; plus Reisekosten und Kosten für evtl. notwendige Übernachtung und Verpflegung
Raumkosten	Kosten für alle Seminarräume plus zusätzlich notwendige Technik wie Beamer, Video-Gerät, Beschallungsanlage
Übernachtungskosten	für Teilnehmer und Experten (plus Moderator, falls nicht schon im Tagessatz enthalten)
Verpflegung	Frühstück, Mittag- und Abendessen Imbisse während des Tages
Zusatzangebote	Wellness, Extra-Räume für Abendveranstaltungen usw.
Rahmenprogramm	Outdoor-Unternehmungen, Exkursionen, Führungen
Reisekosten der Mitarbeiter	falls diese mit Bahn oder Flugzeug anreisen, sonst: Pauschale für Nutzung des eigenen PKWs

Puffer einplanen

Auch wenn Sie Ihren Workshop noch so gut vorbereitet und geplant haben, kann es vor Ort durchaus passieren, dass noch etwas Unvorhergesehenes (z. B. zusätzliche Technik) notwendig wird. Um diese Eventualitäten abfangen zu können, raten wir Ihnen, 10 bis 15 % Ihres Budgets für „Unvorhergesehenes" einzuplanen. So können Sie sicher sein, dass Ihre Kalkulation auch immer positiv ausfällt.

Je nach Dauer des Workshops und Anzahl der Teilnehmer ist es durchaus sinnvoll, mit dem Hotel bzw. Seminarhaus noch das ein oder andere freundliche Gespräch bezüglich der Preisgestaltung zu führen. Erfahrungsgemäß sind diese Verhandlungen meist erfolgreich.

Kostenaufstellung

Eine exakte Kalkulation ist die Grundlage zur Einhaltung eines finanziellen Workshoprahmens. Die Zusammenstellung der Kosten fixieren Sie am besten in einem Tabellenkalkulationsprogramm. Eventuell zusätzlich notwendige Änderungen oder Ergänzungen können Sie so schnell und problemlos durchführen.

Beispiel

Dauer des Workshops: 3 Tage; zur Verfügung stehendes Budget: 10.000 €, Teilnehmer: 12

Kostenfaktor	Kosten pro Tag	Kosten gesamt
Kosten Moderator	3 x 500 €	1.500 €
Übernachtungskosten Moderator	3 x 65 €	195 €
Verpflegungspauschale Moderator	3 x 56 €	168 €
Reisekosten Moderator (pauschal)		400 €
Raumkosten Hotel /Seminarhaus		1.200 €
zusätzliche Technik (Beamer)	3 x 80 €	240 €
zusätzliche Technik (Beschallungs-anlage)	1 x 250 €	250 €
Übernachtung Mitarbeiter	12 x 65 €	780 €
Verpflegung Mitarbeiter	12 x 56 €	672 €
Zusatzangebote Mitarbeiter	Inkl.	Inkl.
Rahmenprogramm		600 €
Reisekosten Mitarbeiter	12 x 200 €	2.400 €
15% Unvorhergesehenes		1.261 €
Summe Ausgaben		**9.666 €**

Termin und Ort festlegen und buchen

Beispiel

 Themen, Teilnehmer, Zeitpunkt, Moderator – alles ist geplant, doch leider lässt sich kein passendes Seminarhaus mehr finden, denn diverse Messen und Veranstaltungen blockieren alle für Sie passenden Räumlichkeiten. Oder die umgekehrte Situation: Räumlichkeiten, Seminarhaus, Moderator – alles passt und dann hat ausgerechnet einer der wichtigsten Teilnehmer an den vorgeschlagenen Terminen keine Zeit. Die Arbeit beginnt von Neuem.

Diese Beispiele machen deutlich, dass das A und O einer guten Workshop-Planung eine strukturierte Herangehensweise ist. Sie erspart Ihnen Arbeit, Zeit und vor allem Nerven.

Termin auswählen

Workshops sollten nicht während der Hauptreisezeit, gleichzeitig mit spannenden Veranstaltungen wie einer Fußballweltmeisterschaft oder zeitnah zu solchen Feiertagen stattfinden, die aufwendige Vorbereitungen fordern, wie z. B. Weihnachten. Den richtigen Termin haben Sie gefunden, wenn alle am Workshop beteiligten Personen (also Moderator und Teilnehmer) Zeit haben und der ausgewählte Tagungsort die nötigen Kapazitäten zur Verfügung stellen kann. Dieses Ziel zu erreichen, ist oft nicht ganz so einfach. Die Terminauswahl können Sie entweder per E-Mail oder telefonisch durchführen.

Schritt für Schritt: Terminauswahl

1 Legen Sie zuerst fest, wie lange der Workshop dauern soll.

2 Wählen Sie mehrere geeignete alternative Termine aus.

3 Klären Sie mit dem Moderator, an welchen der vorgeschlagenen Termine er zur Verfügung steht.

4 Fragen Sie die Teilnehmer, ob sie an diesen Terminen für den Workshop zur Verfügung stehen.

5 Fragen Sie am Veranstaltungsort ab, ob die benötigten Kapazitäten zu diesem Termin zur Verfügung stehen (Seminarräume, Übernachtung).

6 Stimmen Sie den Termin mit dem Moderator ab.

7 Fixieren Sie den Termin, indem Sie dem Hotel zusagen und die Teilnehmer einladen (siehe S. 46).

Ort auswählen

Neben den Kapazitäten und Ansprüchen bezüglich Übernachtung und Verpflegung (siehe Checkliste S. 35), gilt es vor allem zu prüfen, welchen Bedarf Sie für das gemeinsame Arbeiten während des Workshops haben.

Größe und Anzahl der Workshopräume

Die Wahl des Tagungsortes ist oftmals abhängig von der Anzahl, Größe, Gestaltung und Ausstattung der Workshop-

Räume. Zur Berechnung der benötigten Raumgröße können
sie folgende Faustregeln als Hilfsmittel ansetzen:

Faustregeln für Raumgröße	
Form des Workshops	m² pro Person
Frontal bis 30 Teilnehmer	1,5
U-Form-Bestuhlung	3,0
Plenum mit Kleingruppenarbeit	4,5
Kreis-Bestuhlung mit Platz für Rollenspiele	mind. 6

Die Tabelle macht deutlich, dass die Art eines Workshops
immer die Größe des Workshop-Raumes bestimmt.

Beispiel

 Die Marketingabteilung der Firma X plant einen Kreativ-
Workshop. Die Organisatorin, Frau H., überlegt, wie groß der
Raum, den sie buchen will, sein soll. Sie multipliziert dazu die
Anzahl der Teilnehmer mit dem Erfahrungswert von 4,5 m².
Obwohl es nur 10 Teilnehmer sind, möchte Frau S. einen Raum
von ca. 60 m² mieten. Denn für das kreative Arbeiten – Poster
gestalten, Flipcharts erstellen, Rollenspiele entwickeln – benöti-
gen die Teilnehmer viel Platz. Ihr Vorgesetzter, den Sie über den
Planungstand informiert, ist überrascht. Doch sie kann ihn
anhand Ihrer Überlegungen und der Berechnung überzeugen.

In vielen Fällen müssen Sie den Veranstaltungsort buchen,
ohne dass der Ablauf des Workshops detailliert feststeht, also
ohne zu wissen, ob z. B. Rollenspiele stattfinden sollen. Dann
können Sie sich bei der Bedarfsschätzung an den Zielen und

dem Typ des geplanten Workshops orientieren: Ihr Raumbedarf steigt mit der geforderten Kreativität der Teilnehmer.

> Je kreativer ein Workshop sein soll (gemäß dem vorher definierten Thema und den Zielen), desto mehr Platz brauchen Sie! Außerdem ist es für die Arbeit in Kleingruppen ideal, wenn Sie am Veranstaltungsort zusätzlich zum großen Raum mehrere kleinere Räume buchen. So können die Kleingruppen ungestört arbeiten.

Ausstattung der Räumlichkeiten

Wenn Sie einen Veranstaltungsort nicht selbst kennen oder in Augenschein nehmen können, informieren Sie sich ausgiebig auf der Website des Anbieters und / oder lassen Sie sich Prospekte zuschicken. Zwar verfügt jedes Seminar-Hotel und -haus in der Regel über die Standardtechnik wie Flipchart, Pinnwände usw., je nach Workshop sind jedoch oft noch weitere Hilfsmittel wie Beamer, Video-Recorder usw. notwendig, deren Vorhandensein Sie abfragen sollten.

In der folgenden Checkliste finden Sie alle Kriterien auf einen Blick, die eine Rolle bei der Auswahl spielen. Das hilft Ihnen auch, Angebote vergleichen zu können.

Checkliste: Veranstaltungsort auswählen

Kriterien	Bedarf	Angebot
Umgebung des Veranstaltungsorts (Großstadt, ländlicher Raum ...)		
Erreichbarkeit des Veranstaltungsorts (Flugzeug, Bahn, Auto)		
Shuttle-Service vom Flughafen bzw. Bahnhof durch das Hotel		
Genügend (kostenlose) Parkplätze für die Teilnehmer		
Genügend Einzel- und Doppelzimmer		
Ausstattung der Zimmer		
Extras bei der Verpflegung (vegetarische Kost, Trennkost, Spezialkost für Allergiker usw.)		
Zusatzangebote des Hotels (Wellness, Schwimmbad, Fitness etc.)		
Kosten der Übernachtung		
Genügend Seminarräume in der notwendigen Größe		
Lichtverhältnisse in den Räumen: • viel Tageslicht • Verdunklungsmöglichkeit • Sonnenschutz (in den Sommermonaten wichtig)		

Kriterien	Bedarf	Angebot
Technikausstattung		
Beamer, Leinwand		
Overheadprojektor, Leerfolien, Stifte, Ersatzbirne		
Tonanlage, CD-Player		
Laptop / Computer		
Videokamera, -rekorder, TV		
Verlängerungskabel		
Flipchart und Flipchart-Papier		
Pinnwände inkl. Packpapier		
Moderationskoffer		
Schreibutensilien wie Papier und Stifte		
Steht bei technischen Problemen Fachpersonal zur Verfügung?		
Tagespauschalen		
Kosten für die Seminarräume		
Ist die Benutzung der Seminartechnik in den Raumkosten enthalten?		
Kosten für evtl. zusätzlich benötigte Seminartechnik (z. B. Beamer, CD-Player usw.)		

Teilnehmer auswählen

Wenn alle Mitarbeiter, die am Workshop teilnehmen sollen, hochmotiviert sind, haben Sie kein Problem. Dies ist jedoch leider nicht immer gegeben.

Mitarbeiter motivieren

Zugegeben – Mitarbeitermotivation ist nicht einfach. Die Gründe für oder wider einer Teilnahme an einem Workshop sind vielfältig. Zum besseren Verständnis eine kleine Auswahl:

Für eine Workshopteilnahme:

- Ich kann der Alltagsroutine kurz entfliehen.
- Ich lerne meine Kollegen / Kolleginnen etwas persönlicher kennen.
- Ich arbeite gerne in der Gruppe.
- Die kreative Arbeit in einem Workshop macht mir Spaß.

Wider einer Workshopteilnahme:

- Ich mag es nicht, wenn ich für einige Zeit aus meinem gewohnten Umfeld herausgerissen werde.
- Ich weiß nicht recht, was diese Workshops eigentlich bringen sollen.
- Ich arbeite am liebsten alleine.
- Meine Einstellung zum Projekt geht keinen etwas an.

Ihre Aufgabe ist es, die Zweifler von den Vorteilen der gemeinsamen Workshop-Arbeit zu überzeugen. Doch wie? Zwei Möglichkeiten möchten wir Ihnen vorschlagen.

Mit-Macher suchen und Werbung machen

Beginnen Sie immer damit, die Workshop-Befürworter für eine Teilnahme zu gewinnen. Deren positive Grundeinstellung zu dieser Arbeitsform kann Ihnen sehr hilfreich sein, vor allem, wenn es darum geht, die Workshop-Gegner zu überzeugen. Erzählungen über positive Erfahrungen aus den zuletzt besuchten Workshops, die gute Zusammenarbeit mit den Kollegen, die entspannte Atmosphäre, die konstruktiven Ergebnisse, die bereits in Projektideen umgewandelt wurden usw. führen oftmals dazu, dass es der ein oder andere „doch einmal probieren möchte". Je mehr „Mit-Macher" Sie also ins Boot holen können, desto besser.

Grundlage jeder Teilnehmermotivation sind außerdem genaue Infos zum Workshop-Thema, geplanten Ablauf usw. Verteilen Sie – selbstverständlich nach Absprache mit dem Auftraggeber – entsprechende hausinterne News, machen Sie einen Aushang am schwarzen Brett, gestalten Sie eine kurze Info-Veranstaltung o. Ä.

Nicht immer nehmen alle freiwillig teil

Workshops leben von der Freiwilligkeit der Teilnehmer. Leider ist dies nicht immer gegeben und auch nicht immer gewünscht. Workshop-Art und Workshop-Thema spielen hierbei eine wesentliche Rolle, z. B. müssen bei Produkt-Workshops oder Strategie-Workshops eben bestimmte Mitarbeiter (fachliche, inhaltliche, hierarchische Gründe) dabei sein. Das Problem: Kreativität lebt von der Freiwilligkeit. „Gezwungene" Mitarbeiter" sind selten kreativ und ideenreich. Umso wichtiger ist die oben geschilderte Überzeugungsarbeit.

Die richtigen Teilnehmer auswählen

Beispiel

 Sie werden von der Geschäftsleitung gebeten, für die Vertriebsmitarbeiter einen Workshop zum Thema „Wie erobern wir den Markt in Südostasien" durchzuführen. Aus Kostengründen sollen nicht alle Mitarbeiter teilnehmen. Die Geschäftsleitung wünscht von Ihnen Vorschläge, welche Mitarbeiter Ihrer Meinung nach unbedingt dabei sein sollten.

In solchen Situationen sollten Sie systematisch vorgehen und alle potenziellen Teilnehmer (hier: alle Vertriebsmitarbeiter) mittels bestimmter Kriterien einschätzen, eventuell – da Sie die Mitarbeiter in vielen Fällen ja nicht gut genug kennen – in Zusammenarbeit mit dem Team- oder Abteilungsleiter.

Checkliste: Wer soll teilnehmen?

- Wer hat die nötige fachliche Kompetenz?
- Wer hat die nötige Kreativität oder soziale Kompetenz?
- Welche Personen sind vom Thema unmittelbar betroffen (Mitarbeiter sowie Führungskräfte)?
- Wer kann nach dem Workshop als Multiplikator oder Umsetzer fungieren?

- Müssen auch Personen eingeladen werden, die zwar eine hohe Entscheidungskompetenz haben, für die das Workshopthema aber nicht relevant ist?

- Wen möchte der Auftraggeber dabei haben?

Beispiel

- Vertriebsmitarbeiter, die über Sprachkenntnisse des südostasiatischen Raums oder sehr gute Englischkenntnisse verfügen
- Vertriebsmitarbeiter, die kompetent genug sind, andere Kollegen später in die Thematik einzuweisen und ihnen mit Rat und Tat zur Seite zu stehen
- Ein Mitarbeiter des Controllings, da bei der erarbeiteten Strategie Investitionen notwendig werden könnten (Personalkosten, Ausgaben für Marketing, Presse- und Öffentlichkeitsarbeit usw.)
- Der Vertriebschef
- evtl. der Geschäftsführer als Workshop-Gast (z. B. zur Vorstellung der Idee oder bei der Abschlusspräsentation der Ergebnisse)

Für jeden Workshop ist es wichtig, eine gute Mischung aus Kreativen, Entscheidern, Umsetzern usw. zu haben. Auch die Mischung aus etwas mehr und etwas weniger motivierten Mitarbeitern ist hilfreich.

Jeder Workshop – ob Produkt-, Strategie-, Problemlösungs- oder Budget-Workshop – lebt von den Ideen der Teilnehmer. Achten Sie jedoch stets darauf, dass Sie immer auch Entscheider und spätere Macher dabei haben. Sonst laufen Sie Gefahr, dass im Workshop Maßnahmen erarbeitet werden, die später nicht umgesetzt werden.

Ablauf und Techniken planen

So läuft ein Workshop ab

1 Begrüßung durch den Moderator und gegenseitige Vorstellung.

2 Moderator führt ins Thema ein, eventuell auch ein geladener externer oder interner Experte. (Informationsphase)

3 Moderator stellt die Ziele vor, gemeinsam werden die Ziele genau definiert. (Zielphase)

4 Teilnehmer suchen Ideen, gemeinsam oder in Kleingruppen. (Kreativphase)

5 Die Ideen werden gemeinsam oder in Kleingruppen geordnet. (Ordnungsphase)

6 Die Ideen werden gemeinsam oder in Kleingruppen bewertet und vertieft. (Bewertungsphase)

7 Die Ideen werden im Plenum präsentiert (falls vorher Gruppenarbeit) und diskutiert.

8 Die Ideen werden nochmals (im Plenum) bewertet und das Plenum entscheidet sich für eine Auswahl.

9 Das Plenum entwickelt aus den bisherigen Ergebnissen Aufgaben bzw. Maßnahmen und hält diese fest: Was? Wer? Bis wann?

10 Abschluss: Moderator fasst zusammen, fragt Feedback ab und verabschiedet die Teilnehmer.

Workshop-Planung: Mit Fahrplan, aber offen

Bitte starten Sie nie ohne „Fahrplan" in Ihren Workshop. Legen Sie ihn nach dem oben beschriebenen Muster an und füllen Sie ihn mit Ihren Inhalten. Aber denken Sie daran: Dies ist lediglich Ihr roter Faden während des Workshops. Denn wichtig ist auch, dass Sie dieses Konzept jederzeit verändern können, wenn es die Rahmenbedingungen erfordern. Nichts hindert die Teilnehmer mehr in ihrer Kreativität als ein starres Vorgehen. Ein guter Moderator zeichnet sich durch Flexibilität aus.

Wie viel Zeit für welchen Schritt?

Bei allem, was Sie und die Teilnehmer im Workshop tun, ist es wichtig, die Zeit nicht aus den Augen zu verlieren. Denn der Workshop wird nur erfolgreich sein, wenn Sie die Ziele in der vorgegebenen Zeit erreichen! In Ihrem Moderatorengepäck darf darum die Uhr nicht fehlen. Die Frage „Wie viel Zeit wofür?" sollten Sie jedoch schon vorher klären und die Beantwortung dieser Frage hängt natürlich davon ab, wie viel Zeit Ihnen insgesamt zur Verfügung steht.

> Als Faustregel gilt: Die Kreativphase, also die Zeit, in der die Teilnehmer Ideen finden, sollte stets am längsten bemessen sein.

Beispiel: Ablauf und Zeitplan

 Wir haben in der Firma Z einen eintägigen Workshop in der Verkaufsabteilung durchgeführt. Ziel: Entwicklung neuer Ver-

shop-Zeiten: 09:00 bis 12:00 Uhr und 14:00 bis 18:00 Uhr; Mittagspause: 2 Std.; jeweils eine Pause vormittags und nachmittags á 30 Minuten. Der Zeitplan:

Programmpunkt	Minuten
Begrüßung	5
Vorstellungsrunde	30
ungewöhnliche Geschichte als Einstieg	15
Informationsphase (Zurufliste zum Ist-Zustand des Unternehmens)	30
Kreativ-Phase (Entwicklung neuer Verkaufs-ideen)	120
Rollenspiel	15
Entscheidungsphase (Welche Ideen erscheinen uns sinnvoll?)	60
Ergebnispräsentation	30
Blitzlicht zum Abschluss	30
Zeitpuffer	35

Methoden planen

Aus eigener Erfahrung wissen Sie sicherlich, dass nicht jede Methode für jeden Workshop-Schritt geeignet ist. Ihre Aufgabe im Vorfeld ist es deshalb, entsprechend der Ziele des Workshops für jede Phase die passende Technik zu planen. Auf der nächsten Seite finden Sie eine Übersicht über alle in diesem Buch vorgestellten Techniken, die wir Ihnen anschließend im Kapitel „Den Workshop durchführen" detailliert erläutern (siehe ab S. 53).

Die wichtigsten Methoden im Überblick

Methode	Wann?	Vorteile / Nachteile
Geschichten erzählen	Einstieg	+ Thema wird anschaulicher − mehr Vorbereitungsaufwand
Brainstorming	Ideensammlung; Festlegung von Maßnahmen	+ alle sind beteiligt − großer Zeitbedarf
Zuruf-Liste	Informieren über Ist-Zustand; Ideensammlung	+ geringerer Zeitbedarf als beim Brainstorming − manche trauen sich nicht, einfach reinzurufen
Brainwriting	Ideensammlung; Festlegung von Maßnahmen	+ alle beteiligen sich; Anzahl der Ideen ist höher − am besten in Gruppen mit max. 6 Teilnehmern
Mind Map	Ideensammlung; Ergebnispräsentation	+ visualisiert alle Ideen von Beginn an; Ideen sind von Anfang an sortiert − Technik muss bekannt sein
Reizwortanalyse / Handtaschen-Methode	Entwicklung neuer Ideen	+ fördert die Assoziationsfähigkeit und die kreativen Denkprozesse − nicht alle Teilnehmer beteiligen sich aktiv daran
Rollenspiele	Ideensammlung; Darstellung des	+ sprechen die Gefühle an; regen zur Kreativität an

	Ist-Standes; Entwicklung von Strategien; Prüfen, ob Maßnahmen durchführbar sind	– Vorbereitung notwendig; nicht jeder traut sich, aktiv mitzumachen
Spiele	In allen Phasen	+ spricht die Gefühle an, Aktivierung, Kennenlernen, Entspannung – manche Teilnehmer müssen sich erst überwinden
Blitzlicht	Entscheidungen; Abfragen von Einschätzungen; Ergebnispräsentation	+ alle sind aktiv

Beispiel: Einsatz von Methoden im Workshop

 In unserem Workshop zur Entwicklung neuer Verkaufsstrategien: Zu Beginn erzählen wir eine kleine Geschichte, in der v. a. sehr ausgefallene Verkaufstrategien eine Rolle spielen. In der Informationsphase lassen wir die Teilnehmer den Ist-Stand im Unternehmen mit Hilfe einer Zuruf-Liste zusammentragen. Die Kreativ-Phase erfolgt in Form eines Brainstormings. Für die Entscheidungsphase suchen wir uns drei Teilnehmer, die eine der möglichen neuen Verkaufsstrategien in Form eines Rollenspiels „mit dem Kunden" ausprobieren wollen. Ein Teilnehmer übernimmt die ihm bekannte Aufgabe des Verkäufers, die anderen beiden schlüpfen in die Rolle des Kunden. Die Strategien werden anschließend in Form einer Mind Map visualisiert. Den Abschluss bildet ein Blitzlicht zum vergangenen Tag.

Teilnehmer einladen und informieren

Die Erfahrung zeigt, dass es die Teilnehmer motiviert, wenn sie im Vorfeld rundum gut informiert werden. Schicken Sie also am besten zusammen mit der Einladung die unten beschriebenen Informationen an die Teilnehmer. Wir raten Ihnen aber, diese Unterlagen kurz und knackig zu gestalten. Nichts ist für die Teilnehmer schlimmer, als schon zu Beginn des Workshops mit den gleichen Mengen an Papier überhäuft zu werden, die ihnen bereits im Berufsalltag zu schaffen machen.

Informationen für die Teilnehmer

Zunächst sind Zeitpunkt, Ort sowie Thema und Ziele der Workshops für die Teilnehmer wichtig, und natürlich die Information, wer den Workshop moderiert.

Zeit- und Ablaufplan

Der grobe inhaltliche und zeitliche Ablauf des gesamten Workshops gibt den Teilnehmern eine erste Orientierung. Um z. B. An- und Abreise planen und alles weitere organisieren zu können, müssen sie wissen, wann welche Aktivitäten (Seminargeschehen, Pausen, Essenszeiten usw.) stattfinden. Aus diesem Grund sollten Sie also auf jeden Fall den groben Ablaufplan bis zum Zeitpunkt der Einladung erstellt haben (siehe S. 41).

Arbeitsunterlagen

In jedem Workshop ist es sinnvoll, den Teilnehmern vorab inhaltliche Informationen in Form von Handouts zur Verfügung zu stellen. Folgende Inhalte dürfen dabei nicht fehlen:

- kurzer, verständlicher Überblick über das Workshopthema und die -ziele
- Literatur- / Linkliste, damit die Teilnehmer sich selbst noch ausführlich über das Thema informieren können
- Aufforderung und gegebenenfalls Unterlagen oder Links, wenn die Teilnehmer vorher schon Inhalte vorbereiten und zum Workshop mitbringen sollen.

Bei größeren Workshops, bei denen zahlreiche Teilnehmer zusammengebracht werden oder schwierige Themen behandelt werden, empfiehlt sich auch ein Treffen zumindest eines Kernteams im Vorfeld des Workshops: Hier können grundlegende inhaltliche Unterlagen gemeinsam und zielgerichtet abgestimmt werden.

Informationen zum Hotel

Nur sehr wenigen Teilnehmern ist es gleichgültig, wo und in welcher Umgebung sie während des Workshops leben und arbeiten. Geben Sie deshalb Informationen zum Hotel (Lage, Größe, Zimmerausstattung usw.) an alle Beteiligten weiter: Entweder in Form eines entsprechenden Links oder – diese Form ist meist noch beliebter – mittels einer Hotel- / Seminarhausbroschüre. Bereits im Vorfeld können Sie so die Motivation für den Workshop etwas steigern. Sie sollten sich also diese Broschüre in ausreichender Anzahl vom Anbieter zuschicken lassen.

Anreiseplan

Im letzten Jahr nahm ich an einem Seminar teil, zu dem ich zwar eine Anmeldebestätigung bekam, jedoch keinerlei Hinweise über die Anreise zum Veranstaltungsort. Mein erster Gedanke: „Das fängt ja gut an!" Sicher ist es mit Hilfe von Online-Routenplanung oder Navigationssystemen kein großes Problem, den Weg selbst zu finden. Aber diese Arbeit kostet die Teilnehmer zusätzliche Vorbereitungszeit und spiegelt auch eine schlechte Planung wider. Also bitte vergessen Sie nicht, den Teilnehmern die Anreisemöglichkeiten zuzuschicken, wenn Sie nicht in der Hotelbroschüre enthalten sind.

Teilnehmerliste

Wenn alle Teilnehmer damit einverstanden sind, ist es sinnvoll, ihre persönlichen Daten wie Anschrift, Telefonnummer, E-Mail-Adresse in einer Teilnahmeliste zusammenzufassen und mit der Einladung zu verschicken. So besteht die Möglichkeit, Fahrgemeinschaften zu bilden, um Kosten zu sparen und sich eventuell auch schon vorab kennenzulernen.

> Bitte denken Sie jedoch daran, dass Sie diese Listen aus datenschutzrechtlichen Gründen nie ohne Einwilligung der Beteiligten erstellen dürfen.

Rahmenprogramm / Abendgestaltung

Viele Seminarhäuser verfügen über einen Wellness- und Fitnessbereich. Bitte informieren Sie Ihre Teilnehmer über diese Möglichkeiten im Vorfeld. Es ist ärgerlich, wenn z. B. ein Schwimmbad zur Verfügung steht, die Teilnehmer diese Entspannungsmöglichkeit jedoch mangels entsprechender Kleidung nicht nutzen können. Planen Sie im Rahmen Ihres Workshops gemeinsame Abend- oder Outdoor-Aktivitäten etwa eine Kegelrunde oder eine Wanderung, geben Sie bitte auch diese Informationen an die Teilnehmer weiter, damit sie die passende Kleidung mit einpacken.

Checkliste: Das sollte die Einladung enthalten

	vorbereitet / bestellt	in Einladung enthalten
Datum, Uhrzeit und Ort des Workshops		
Thema und Ziele		
Name des Workshop-Moderators (plus kurzes Profil)		
Zeit- und grober Ablaufplan für den gesamten Workshop		
Arbeitsunterlagen, falls die Teilnehmer etwas vorbereiten und mitbringen sollen		
Broschüre des Hotels		
Link zur Hotel-Website		

Anreiseplan (Flug, Bahn, PKW)

Teilnehmerliste mit der Aufforderung, eventuell Fahrgemeinschaften zu bilden

Zusatzangebote des Hotels (Wellness- und Fitnessbereich, Kegelbahn usw.)

geplantes Rahmenprogramm

Kleiderordnung und Kleidung zur Nutzung des Hotel-Zusatzangebotes bzw. zur gemeinsamen Abendgestaltung

Liste mit der Möglichkeit, den Wunsch nach besonderer Kost (vegetarisch, Allergiker) einzutragen

Einladungen verschicken

Sind die Teilnehmer ausgesucht und alle oben beschriebenen Informationen zusammengetragen, können Sie die Einladungen verschicken: am besten drei, spätestens aber zwei Wochen vor dem Workshoptermin. Nur dann haben die Teilnehmer noch genügend Zeit, ihren beruflichen und privaten Alltag entsprechend zu planen, um sich voll und ganz dem Workshop widmen zu können. Falls sich die Teilnehmer bereits vorab mit der Workshop-Thematik auseinandersetzen sollen, ist es ratsam, dies bereits im Einladungstext zu erwähnen und zu beschreiben, in welcher Form die Vorbereitung geschehen sollte.

Beispiel

Sehr geehrte Teilnehmerinnen und Teilnehmer,

„Wie erobern wir den Markt in Südostasien?" Mit diesem Thema möchten wir uns in dem geplanten Workshop intensiv auseinandersetzen, Ideen und Maßnahmen entwickeln. Um ein zielstrebiges Arbeiten im Workshop zu ermöglichen, bitten wir Sie, sich vorab mit dem Thema auseinanderzusetzen, Ihre Vorschläge schriftlich festzuhalten und zum Workshop mitbringen. Hierzu haben wir ein Leer-Dokument vorbereitet, auf das Sie alle zugreifen können. Sie finden es unter dem Link ... Herzlichen Dank!

Ausführliche Informationen zum Thema finden Sie auch auf unserer hausinternen Homepage und dem Link ...

Hier noch einige organisatorische Informationen:

Termin   Donnerstag, den ...

Zeit: 08:00 Uhr bis 12:00 Uhr und
             13:30 Uhr bis 17:30 Uhr

Wir starten mit einem gemeinsamen Frühstück!
Workshopbeginn: 09:00 Uhr

Ort: Name des Hotels/Seminarhauses
             Adresse
             Telefonnummer
             Website

Mit dieser Einladung erhalten außerdem Informationen zum Hotel und einen Anreiseplan, eine Telnehmerliste, damit Sie Fahrgemeinschaften bilden können, sowie einen groben Zeit- und Ablaufplan. Bitte haben Sie Verständnis dafür, dass es an der einen oder anderen Stelle zu Verschiebungen kommen kann.

Noch ein Hinweis zum Essen: Das Hotelrestaurant bietet auch vegetarische Kost an. Sollten Sie davon Gebrauch machen wollen, bitten wir Sie, uns das bis spätestens ... mitzuteilen.

Wir freuen und auf einen ideen- und ergebnisreichen Workshoptag und wünschen Ihnen eine gute Anreise.

Mit freundlichen Grüßen

Auf einen Blick: Den Workshop organisieren

- Bevor Sie die Details eines Workshops planen, sollten Sie das Thema und die Ziele mit Ihrem Auftraggeber abstimmen und festlegen.

- Unterscheiden Sie dabei zwischen dem Ziel des Workshops (was soll am Ende vorliegen?) und dem Ziel für die Praxis danach (was wollen wir erreichen bzw. verändern?).

- Stimmen Sie vorab mit dem Auftraggeber den finanziellen Rahmen, die Dauer, den Ort, den Teilnehmerkreis, die Moderation sowie das Rahmenprogramm ab. Anschließend kalkulieren Sie die Kosten und gehen dann erst an die Organisation des Workshops im Detail, d. h. die Terminauswahl, Buchung von Hotel und Seminarräumen usw.

- Planen Sie im Vorfeld den inhaltlichen und zeitlichen Ablauf des Workshops sowie die Techniken, die Sie – falls Sie den Workshop moderieren – anwenden möchten.

- Wenn Sie die Teilnehmer einladen, schicken Sie ihnen einen Ablaufplan sowie Infos zum Rahmenprogramm, Arbeitsunterlagen zur Vorbereitung, Informationen zum Hotel, den Anreiseplan sowie die Teilnehmerliste.

Den Workshop durchführen

Jeder Workshop ist anders. Aber es gibt grundlegende Abläufe und Phasen, die in allen Workshops ähnlich sind.

In diesem Kapitel lesen Sie, wie Sie

- einen guten Einstieg schaffen (S. 58),
- Arbeitsgruppen bilden (S. 64),
- in der Gruppe Ideen finden, ordnen, bewerten, vertiefen und schließlich entscheiden (ab S. 74),
- die Ergebnisse in einem Maßnahmenplan festhalten (S. 95) und
- einen Schlusspunkt setzen (S. 100).

Material und Raum vorbereiten

Sie als Moderator sollten dafür Sorge tragen, dass alle benötigten Materialien zu Beginn des Workshops vorhanden sind. Einiges davon müssen Sie selbst mitbringen.

Checkliste: Vor der Abreise

- Anreise und Hotel gebucht
- Laptop funktionsfähig
- Technische Zusatzmaterialien, wie USB-Stick, CDs/DVDs, Blue Rays
- Moderationskoffer dabei? Darin enthaltene Verbrauchsmaterialien vollständig?
- Flipchart-Papier in genügender Menge (falls am Veranstaltungsort nicht vorhanden)
- Handouts vorbereitet und ausgedruckt
- Thema, Ziele, Ablaufplan vorbereitet und auf Flipchart-Papier gezeichnet (siehe nächste Seite)
- Unterlagen für Dokumentation vorbereitet, (auf Flipchart oder elektronisch) z. B. Gerüst für den Maßnahmenplan am Ende des Workshops?
- Namensschilder für die Teilnehmer vorbereitet (als Tischaufsteller oder zum Anheften an die Kleidung)
- Klingel zum Einläuten der Pausen?
- Wecker / Uhr, damit ich den Zeitplan im Griff habe

Plan und Thema visualisieren

Das Thema bereiten Sie auf einem Flipchart, einer Pinnwand oder einem Whiteboard visuell auf. Auf ein weiteres Blatt oder ein anderes Whiteboard schreiben Sie die Agenda für den jeweiligen Tag, also Arbeitsschritte und Pausen. Hierzu eignet sich am besten eine Darstellung in Form einer Mind Map. Dieser Ablaufplan hängt den ganzen Tag für alle sichtbar an einer festen Stelle im Raum, und Gleiches bereiten Sie an jedem weiteren Workshop-Tag vor.

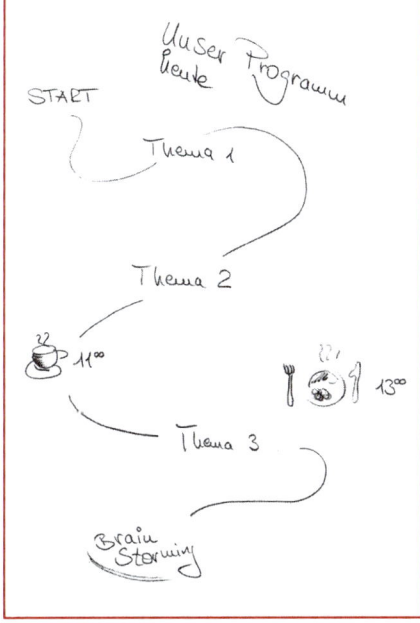

Agenda eines Workshops

Der Workshop-Raum

Am Vorabend oder am Morgen des Workshops sollten Sie den Raum vorbereiten:

- Sie stellen Tische und / oder Stühle so, wie Sie es für die Begrüßung für richtig halten. Ein Stuhlkreis bietet sich z. B. dann an, wenn Sie als Workshop-Thema die Optimierung der Zusammenarbeit innerhalb einer Abteilung haben. Eine Tisch- und Stuhlaufstellung in U-Form ist ideal für einen Workshop mit einem hohen Anteil an Schreibarbeit. Einzelne Tische für vier Personen eigenen sich gut für Kleingruppenarbeiten. Eine Klassenzimmeranordnung kommt für Workshops nicht in Frage.

- Sie haben die Namensschilder sowie das Informationsmaterial (Handouts) für die Teilnehmer vorbereitet (in der Regel für die Einladung) und verteilen beides zusammen mit dem Schreibmaterial auf den Tischen oder Stühlen.

- Sie überprüfen, ob die benötigten Medien wie Flipchart, Pinnwand, Overheadprojektor, Notebook und Beamer vorhanden sind und funktionieren.

- Mit einer kleinen Aufmerksamkeit, z. B. einem Schokoriegel auf einem jeden Platz erfreuen Sie die Teilnehmer. So können Sie gleich zu Beginn punkten!

- Je nach Thema und Zielgruppe wirkt es sehr motivierend, wenn Sie den Raum dekorieren. Das können sowohl Poster mit Bildern und Sprüchen, die auf das Workshopthema einstimmen, als auch Gegenstände sein.

Beispiel

 Sie können beim Thema „Marketing" die entsprechenden Produkte, die vermarktet werden sollen, geschickt in die Einrichtung integrieren. Auch Gegenstände, die symbolhaft verschiedene Verkaufsmethoden darstellen, unterstreichen die Zielsetzung und bleiben den Teilnehmern auch nach dem Workshop im Gedächtnis.

Sollten Sie Arbeit in Kleingruppen planen und dafür verschiedene kleinere Räume gemietet haben, werfen Sie im Vorfeld auch einen Blick in diese Räume, ob das nötige Material dort vorhanden ist, und verteilen Sie, was noch fehlt.

Checkliste: Vorbereitung des Workshop-Raums

- Tische und Stühle oder Stuhlkreis
- Namensschilder
- Informations- und Schreibmaterial
- Agenda und Workshop-Thema als Mind Map
- Flipchart, Whiteboard mit Stiften und Schwamm
- Pinnwand, Moderationskarten, Packpapier, Nadeln
- Overheadprojektor, Folien, Stifte
- Notebook, Beamer
- Videocamera, TV, CD-Player, Lautsprecher, CDs
- Dekoration (Poster, Bilder, Gegenstände)
- Getränke, Gläser (vom Hotel / Seminarhaus)

Begrüßen und informieren

Sie wissen ja: Der erste Eindruck ist entscheidend. Deshalb ist der Einstieg in den Workshop besonders wichtig. Ein gelungener Start ist schon die halbe Miete! Zunächst geben wir Ihnen einen Überblick, was alles zum Einstieg gehört:

Leitfaden: Der Workshop-Start

1 Der Moderator begrüßt die Teilnehmer und stellt sich vor.

2 Der Moderator präsentiert das Thema sowie die Ziele des Workshops (was soll am Ende vorliegen?) und in der Praxis (was wollen wir nach dem Workshop erreichen?).

3 Die Teilnehmer stellen sich vor und schildern ihre Erwartungen (oder schreiben sie auf).

4 Der Moderator informiert über den zeitlichen Rahmen und den Ablauf, schildert die Vorgehensweise bzw. Methoden und erläutert den Teilnehmern, was jeder beitragen kann / sollte.

5 Die Gruppe vereinbart Regeln der Zusammenarbeit.

6 Der Moderator leitet die Gruppenbildung an und verteilt die Aufgaben für die Kreativphase.

Begrüßung und Zielvorstellung

Wenn die ersten Teilnehmer eintreffen, begrüßen Sie jeden möglichst persönlich mit Handschlag. Vermitteln Sie jedem einzelnen, dass er willkommen ist. Fördern Sie in dieser ersten Phase – noch vor dem eigentlichen Beginn – den Small Talk zwischen den Teilnehmern, indem Sie die Teilnehmer z. B. einander vorstellen.

Wenn Sie die Möglichkeit dazu haben: Nutzen Sie vor Beginn des Workshops bereits das gemeinsame Frühstück zum ersten Kennenlernen. Erfahrungsgemäß fällt vielen Teilnehmern der Start in den Workshop dann leichter, da persönliche Barrieren schon ein wenig abgebaut sind.

Wenn die Gruppe vollzählig ist, bitten Sie die Teilnehmer, Platz zu nehmen. Nun starten Sie offiziell: Begrüßen Sie alle noch einmal und stellen Sie sich selbst vor. Dann präsentieren Sie das Thema und die Ziele des Workshops.

Geschichten erfinden

„Verpacken" Sie doch Ihre Informationen rund um das Workshop-Thema in eine spannende Geschichte. Sie haben dadurch zwar ein bisschen mehr Aufwand in der Vorbereitungsphase. Sie werden aber sehen, es lohnt sich.

Ausstellungen

Diese Technik eignet sich besonders gut zur Weitergabe von Informationen rund um das Workshop-Thema. Es werden Poster, Flipcharts, Infowände zum Thema lose im Raum verteilt. Die Teilnehmer bekommen einen bestimmten Zeitrahmen, um sich diese Informationen anzusehen. Danach findet ein Austausch im Plenum statt, um die Thematik noch einmal zusammenzufassen, Fragen zu beantworten usw.

Die Teilnehmer stellen sich vor

Bitten Sie die Teilnehmer, sich kurz vorzustellen: mit Namen und ihrem Aufgabengebiet im Unternehmen. Da dies manchmal unangenehm förmlich sein kann oder sich die anderen Teilnehmer sowieso nicht viel davon merken können, sollten Sie in bestimmten Fällen ruhig an Alternativen zu dieser üblichen Vorstellungsrunde denken.

Alternative Vorstellungsrunden und -spiele

Die Vorstellung der Teilnehmer kann neben der klassischen Form auch variiert werden. Vor allem, wenn der Workshop ein Teambildungs-Workshop ist, bietet es sich an, bereits zu Beginn ein intensiveres Kennenlernen zu fördern. Folgende Möglichkeiten schlagen wir Ihnen vor:

- Wenn Sie die Vorstellungsrunde etwas auflockern möchten: gegenseitige Interviews (ca. 5 Minuten) mit anschließender Beschreibung des Interviewpartners in der großen Runde.

- Wenn Sie den ganz persönlichen Austausch von Anfang an fördern möchten: Spiel „Offenes Buch": Alle Teilnehmer erhalten ein leeres DIN-A4-Blatt und einen Stift. Der Moderator gibt nun mündlich Instruktionen wie: Ihr Lieblingsfach in der Schule, drei für Sie typische Eigenschaften, Ihr schönster Urlaubsort, Ihr Leibgericht usw. – die Fragen sind für alle gleich. Die Teilnehmer schreiben die jeweiligen Antworten verstreut kreuz und quer auf ihr Blatt, so dass sie nicht auf Anhieb zuzuordnen sind. Das Blatt heften sie sich anschließend mit Tesakrepp auf die Brust oder an die Schulter. Jeder Teilnehmer geht nun auf Wanderschaft, um die Informationen auf den Blättern der Kollegen zu lesen. Sobald er eine für ihn interessante Mitteilung entdeckt hat, kommt er mit dem Betreffenden zwanglos ins Gespräch und versucht, noch mehr zu diesem Punkt herauszufinden. Je nach Zeitvorgabe haben die Teilnehmer Gelegenheit, mit mehreren Personen in Kontakt zu treten und sich auszutauschen.

- Wenn sich die Teilnehmer nicht persönlich kennen: Spiel „Statistik": Der Trainer stellt Fragen an die Teilnehmer, die locker im Raum verteilt stehen oder in einer Runde sitzen, und ordnet den Antworten bestimmte Bereiche des Seminarraums zu. Die Fragen können sich auf persönliche Eigenschaften oder Erfahrungen der Teilnehmer beziehen – etwa: „Alle, die heute einen Anfahrtsweg von mehr als einer Stunde hatten, bitte in diese Ecke stellen." Oder sie können einen Bezug zum Seminar- oder Workshopthema aufweisen: „Alle, die im Bereich Neukundengewinnung Erfahrung haben, bitte dort aufstellen." Oder: „Alle, die sich zum ersten Mal mit dem Betriebsverfassungsgesetz beschäftigen, bitte da rüber gehen." Die jeweiligen Teilnehmer gehen nun in die bezeichnete Ecke.

Mehr „Eisbrecher-Spiele finden Sie in unserem Buch: „Spiele für Workshops und Seminare", siehe Literaturverzeichnis, S. 127.

Anker für Namen und Person schaffen

Eine Möglichkeit, die Teilnehmer einander präsent zu halten und Anregungen für den Small Talk in den Pausen zu schaffen, ist der Gruppenspiegel in Form einer Teilnehmerliste, die Namen, Funktion, Firma und Hobbys enthält. Sie hängt dann den ganzen Workshop über auf einer Pinnwand oder auf einem Flipchart.

Beispiel: Gruppenspiegel

Teilnehmerliste			
Name	Firma	Funktion	Hobbys
Sabine Huber	ABC	Vertrieb	Schwimmen
Franz Fischer	Schneider	Marketing	Kochen
Andrea Groß	BKV	Produktmanagement	Singen
Josef Klein	Wagner AG	Einkauf	Rennsport

Erwartungen abfragen

Fragen Sie die Teilnehmer, was sie sich von dem Workshop erwarten. Dies können Sie mit der Vorstellungsrunde verbinden oder in schriftlicher Form einfordern, z. B. in Form von bunten Moderationskarten, welche die Teilnehmer beschriften und an eine Pinnwand heften. Oder Sie lassen die Erwartungen auf einem Flipchart notieren. Bewahren Sie den Flipchart oder die Kärtchen bis zum Ende des Workshops auf. Sie können dann das Feedback der Gruppe mit den anfangs notierten Erwartungen abgleichen und dadurch sieht die Gruppe klarer, ob die gesetzten Ziele sowie die persönlichen Erwartungen erreicht wurden (zum Feedback, siehe S. 97).

Über Zeitplan, Ablauf und Vorgehensweise informieren

Visualisieren Sie den Workshop- und Tagesablauf auf einem Flipchart und befestigen Sie ihn an einer gut von allen Teilnehmern einsehbaren Stelle. Lassen Sie diesen Plan während der gesamten Dauer des Workshops dort hängen. Schildern Sie den Ablauf des gesamten Workshops und des ersten Tages. Diese Präsentation wird spannender, wenn Sie vorher die Stationen des Workshops graphisch oder in Farben auf Moderationskarten visualisiert haben und diese Karten nun während Ihrer Präsentation auf das Flipchart hängen.

Fragen Sie eventuell in der Gruppe ab, ob die Pausenzeiten für alle passen. Denken Sie auch daran, die Teilnehmer – falls noch nicht geschehen – mit den Örtlichkeiten vertraut zu machen: Erklären Sie, wo sich die Pausen- und Toilettenräume befinden und ob und wo ein gemeinsames Essen geplant ist. Falls abends gemeinsame Freizeitgestaltung geplant ist, erläutern Sie diese kurz.

Zur Information der Teilnehmer über den Ablauf gehört auch eine kurze Vorausschau auf die Techniken, die Sie anwenden: Haben Sie also z. B. Gruppenarbeit geplant, geben Sie einen kurzen Ausblick auf die Kreativtechniken, die Sie dabei einsetzen möchten (z. B. Brainstorming, Rollenspiele usw.). Informieren Sie die Teilnehmer über den Part, den sie bei diesem Workshop haben und wie sie sich einbringen können, um am Ende ein optimales Ergebnis vorweisen zu können. Z. B. beschreiben Sie die Aufgaben, die jeder Einzelne in den Gruppenarbeiten, Kreativphasen und in der Auswertung hat.

Spielregeln vereinbaren

Für einen reibungslosen Workshop-Ablauf sind das Aufstellen von Regeln und eine Vereinbarung wichtig, diese auch einzuhalten. Spielregeln erleichtern und fördern die Zusammenarbeit in einer Gruppe. Diese sollten Sie gemeinsam mit den Teilnehmern festlegen und auf einem Flipchart notieren.

Spielregeln für den Workshop

1   Wir halten Arbeits- und Pausenzeiten ein.

2   Jeder hat das Recht auf einen Redebeitrag.

3   Jeder hat das Recht auszureden.

4   Jeder sollte beim Thema bleiben.

5   Wir wollen Redezeiten auf zwei Minuten begrenzen.

6   Wir wollen gegenüber anderen Meinungen tolerant sein und uns respektvoll begegnen.

7   Wir wollen Kritik konstruktiv formulieren.

8   Wir wollen Konflikte offen ansprechen.

9   Störungen haben Vorrang.

10 Wir wollen statt gegeneinander miteinander arbeiten.

Aufgaben festlegen und Gruppen bilden

Um das gesetzte Ziel im Workshop zu erreichen, sollten die Teilnehmer so effizient wie möglich arbeiten können. Das bedeutet, dass möglichst keine zeitraubenden Themenüberschneidungen vorkommen sollten. Es empfiehlt sich deshalb, das Thema, das es zu bearbeiten gilt, in Einzelthemen bzw. -fragen zu unterteilen. Sobald die Themenbereiche feststehen, werden Gruppen gebildet, die je einen dieser Bereiche als Aufgabe bearbeiten. Dabei können Sie – je nach Anzahl der Teilnehmer – auch mehrere Themengebiete zusammenfassen.

> Die einzelnen Themenbereiche müssen natürlich nicht von Gruppen bearbeitet werden, das geht auch im Plenum. Wir empfehlen die Technik der Kleingruppenarbeit jedoch bei größeren Workshops.

Das Thema in Aufgaben unterteilen

Steht Ihnen nicht viel Zeit zur Verfügung, können Sie diese Teilthemen schon im Vorfeld des Workshops erarbeiten und den Teilnehmern zusammen mit den Zielen bzw. der Vorgehensweise zu Beginn des Workshops vorstellen. Motivierender und zielführender ist es aber, wenn die Teilnehmer das Thema selbst in gemeinsamer Diskussion in verschiedene Aufgaben aufteilen.

Beispiel: Thema untergliedern

 Der Umsatz des Unternehmens „Spiel mit", das überwiegend Holzspielzeug produziert, ist seit dem vergangenen Jahr um rund 30 % eingebrochen. Die Geschäftsleitung hat nun die Vertriebsabteilung aufgefordert, Maßnahmen zu erarbeiten, mit denen der Umsatz deutlich gesteigert werden kann, bei deren Umsetzung aber möglichst wenig neue Kosten entstehen. Im Workshop fordert der Moderator die Teilnehmer auf, dieses Thema in einzelne Gruppenaufgaben zu unterteilen. In einer

lebhaften Diskussion erkennen die Teilnehmer schnell, in welchen Bereichen die Lösungsmöglichkeiten für das Problem
liegen. Folgende Punkte werden auf dem Whiteboard festgehalten:

- Welche neuen Produkte können bei gleich bleibendem Ma-
  schinenpark produziert werden?
- Welche Produkte sind umsatzschwach und können aus dem
  Programm genommen werden?
- Welche Möglichkeiten der Kostenersparnis gibt es in den
  Abteilungen Produktion und Vertrieb?
- Welche neuen Absatzmärkte gibt es?

Vorteile der Gruppenarbeit

Die Lösung von Aufgaben in Kleingruppen bietet Vorteile:

- Unterschiedliche Fachkenntnisse und Erfahrungswerte
  fließen ein. Diskussionen werden lebendiger. Neue und
  vielfältige Ideen entstehen und führen zu besseren Lösungen.
- In einer Gruppe arbeitet man unter Umständen mit Personen zusammen, die man noch nicht kennt. Das kann neue
  Impulse geben.
- Eine kleinere Gruppe ist in der Regel schneller und effi-
  zienter als das größere Plenum.
- Gruppenarbeit wirkt aktivierend, weil der einzelne Teilnehmer stärker gefordert ist als im großen Plenum.
- Dadurch, dass ein Ergebnis von mehreren Personen beur-
  teilt wird, können im Vorfeld Fehleinschätzungen leichter
  vermieden werden.
- Bei der Präsentation besitzt die Gruppe eine stärkere
  Durchsetzungskraft.

> Nutzen Sie einzelne Punkte aus dieser Auflistung, wenn Sie den Teilnehmern die Arbeit in der Gruppe ankündigen. Dann ist auch der Beitrag, den jeder Einzelne zur Erreichung der Ziele leisten kann, besser nachvollziehbar.

Welche Art der Gruppenarbeit?

Bereits im Vorfeld des Workshops sollten Sie festlegen, ob themengleiche oder -verschiedene Gruppenarbeit sinnvoll ist.

- Themengleiche Gruppenarbeit: Diese dient dazu, ein bestimmtes Thema von *allen* Gruppen bearbeiten zu lassen. Der Zweck ist, die Vielfalt der Lösungen zu vergrößern. Diese Gruppenarbeit bringt besonders dann Vorteile, wenn z. B. Lösungen für eine sehr schwierige Aufgabe gefordert sind oder besonders kreative Lösungen.

- Themenverschiedene Gruppenarbeit: Dabei bearbeitet jede Gruppe ein anderes Thema. Diese Methode ist – auf den Gesamtworkshop gesehen – zeitsparend, denn dadurch ist es möglich, umfassende Themenbereiche in einem einzigen Workshop zu bearbeiten. Diese Methode wird in den meisten Workshops angewandt. Voraussetzung ist hier natürlich, dass auch nach der Gruppenarbeit noch genügend Zeit für die Bewertung, Entscheidung und Festlegung des Maßnahmenkatalogs zur Verfügung steht.

Beispiel: Themen den Gruppen zuordnen

 Die Teilnehmer des Workshops „Strategien zur Umsatzsteigerung" bilden Gruppen für jede der vorher notierten einzelnen Themenbereiche:

- Gruppe A: Neue Produkte bei gleich bleibendem Maschinen-
  park
- Gruppe B: Umsatzschwache Produkte, die aus dem Programm
  genommen werden sollten
- Gruppe C: Möglichkeiten der Kostenersparnis in Produktion
  und Vertrieb
- Gruppe D: Neue Absatzmärkte

Wie lange arbeitet der Workshop in Gruppen?

Falls die Ideen in Kleingruppen gesammelt werden, werden sie in der Regel auch hier noch strukturiert, bewertet, über die Favoritenauswahl entschieden und dann dem Plenum präsentiert. Das bietet sich bei Workshops mit sehr vielen Teilnehmern an und bei themenverschiedener Gruppenarbeit. Sie können auch lediglich die Kreativphase in Kleingruppen bearbeiten lassen. Dies empfiehlt sich z. B. bei themengleicher Gruppenarbeit, wo lediglich über die Kreativphase eine große Vielfalt an Ideen hergestellt werden sollte. Welche Maßnahmen realisiert werden sollen, entscheidet dann das Plenum gemeinsam.

Es gilt: Für je wichtiger Sie es halten, dass die Endergebnisse des Workshops von allen Teilnehmern gleichermaßen stark getragen werden, desto früher sollten Sie von der Gruppenarbeit wieder ins Plenum wechseln und alle Teilnehmer in die Entscheidungen einbeziehen.

Gruppeneinteilung

Grundsätzlich gibt es drei Möglichkeiten, wie Sie die Gruppeneinteilung gestalten können:

Wer?	Vorteile / Nachteile
freiwillig durch die Teilnehmer	+ entspricht den Interessen der Teilnehmer – homogene Gruppen, weil meist die Personen zusammen in eine Gruppe gehen, die sich kennen bzw. häufig zusammenarbeiten.
Moderator nach bestimmten Kriterien	+ bessere Mischung von Kompetenzen, Alters- und Berufsgruppen usw. und damit Erhöhung der Kreativität einer Gruppe – Teilnehmer könnten sich gezwungen fühlen
zufällig	+ es entstehen oft überraschende Mischungen; Sie geben als Moderator nichts vor; spielerische Varianten fördern von Beginn an Spaß und Motivation – Gefahr, dass in einer Gruppe bestimmte – notwendige – Kompetenzen nicht vorhanden sind. Deshalb nur anwenden, wenn dies nicht relevant ist.

Freiwillig durch Teilnehmer

Jeder Teilnehmer erhält eine Moderationskarte, notiert seinen Namen und ordnet die Karte einem Thema zu, das z. B. an einer Pinnwand aufgehängt ist. Übrigens können sich die Teilnehmer auch bereits im Vorfeld des Workshops einem

Thema und einer Gruppe zuordnen. Diese Möglichkeit empfiehlt sich, wenn auch die einzelnen Themenbereiche, z. B.
aus Zeitgründen, im Vorfeld erarbeitet werden. Mit der Einladung stellen Sie dann ein Dokument zur Verfügung, in das
sich die Teilnehmer eintragen können.

Steuerung durch Moderator

Wenn Sie die Einteilung als Moderator steuern möchten
(auch bereits im Vorfeld des Workshops), können Sie eine
gute Mischung folgender Kompetenzen oder Eigenschaften
innerhalb einer Gruppe herstellen:

- Zugehörigkeit zu einer Abteilung oder einem Fachgebiet
- Fachkompetenzen
- Hierarchien
- Erfahrungen der Teilnehmer, die dem jeweils zu bearbei-
  tenden Thema dienlich sind
- Frauen und Männer im Gleichgewicht
- Alter bzw. Länge der Berufserfahrung

Zufällige und spielerische Einteilung

Bei der zufälligen Einteilung haben Sie zahlreiche Möglichkeiten, z. B.:

- Die Teilnehmer zählen von 1-4 oder A-D durch. Es entstehen dadurch vier Gruppen.
- Die Teilnehmer ordnen sich nach den Farben der Klei-
  dungsstücke.

- Der Moderator verteilt bestimmte Arten von Süßigkeiten (Schokoriegel, Bonbons usw.). Alle mit der gleichen Süßigkeit, gehören zu einer Gruppe.

- Den gleichen Effekt erzielen Sie mit Bonbons, die Sie im Vorfeld mit Farbpunkten oder Nummern beklebt haben sowie mit Spielsteinen unterschiedlicher Farbe oder Form. Die dadurch entstehenden Gruppen können dann die Farbennamen tragen: Gruppe „Rot" usw.

Sie können die Gruppenzuteilung auch gleich mit einem Spiel verbinden, das Sie allerdings im Vorfeld des Workshops vorbereiten sollten. Diese Varianten sind zwar aufwendiger, fördern aber andererseits von Anfang an, dass die späteren Gruppenmitglieder ins Gespräch kommen. Es wird gelacht, die Atmosphäre gelockert, die Motivation steigt. Insbesondere bei der letzten Variante muss jeder mit jedem sprechen. Sie eignet sich deshalb besonders, wenn die Beziehungen der Teilnehmer von Anfang an intensiviert werden sollen, z. B. in einem Teambildungs-Workshop.

- **Sprichwort–Puzzle:** Sie wählen so viele Sprichwörter aus, wie Sie Gruppen bilden möchten, und schreiben je ein Sprichwort auf eine DIN-A4-Karte. Sie zerschneiden jede Karte. So entsteht ein Minipuzzle: Sie verteilen alle „Schnitzel" unter den Workshop-Teilnehmern und diese suchen sich durch Umhergehen und Zeigen bzw. Erzählen die Träger des Rests ihres Sprichworts.

- **Postkarten–Puzzle:** Auf gleiche Weise können Sie im Vorfeld Postkarten mit Bildmotiven als Minipuzzle aufbereiten.

- **Filmteams:** kleine Karten mit Informationen zu Kinofilmen gestalten; so viele Filme, wie Gruppen entstehen sollen; pro Film entspricht die Kärtchenanzahl der Teamgröße, z. B. bei insgesamt 15 Teilnehmern und 3 Teams: 3 Filme á 5 Kärtchen. Die Karten, die zu einem Film gehören, enthalten z. B. auf der ersten Karte Informationen über Schauspieler des Films (am besten ein Foto aus einer Illustrierten), auf der zweiten das Thema, auf der dritten eine kurze Beschreibung der Handlung, auf der vierten das Land, auf der fünften den Regisseur. Im Workshop zieht dann jeder Teilnehmer eine Karte. Dann finden sich die „Filmteams" zusammen, indem sich die Teilnehmer gegenseitig ihre Karten zeigen und überlegen, ob sie zusammengehören.

Die Gruppen beauftragen

Sobald sich die Gruppen gebildet haben, benötigen sie noch einige Informationen für ihre Arbeit:

- genaue Aufgabenstellung mit Zielen,
- Unterlagen, z. B. Statistiken, Umsatzzahlen, Ergebnisse einer Befragung, Informationen über Mitbewerber,
- Zeitrahmen und Pausen,
- Räumlichkeiten für die Gruppenarbeit,
- Anleitung, wie sie die Ergebnisse dokumentieren und präsentieren sollen.

Erläutern Sie, worauf es bei der Präsentation ankommt und geben Sie auch dafür einen genauen Zeitrahmen vor. Ideal ist es, eine Visualisierung zu verlangen. Dann können die Teilnehmer die Informationen besser aufnehmen und behalten, es erhöht die Aufmerksamkeit und verdeutlicht Zusammenhänge.

Auf Papiermedien präsentieren

Bei Visualisierung auf Papiermedien (Flipchart, Pinnwand) sollten Sie der Gruppe folgende Formalia vorgeben:

- Die Ergebnisse sollen kurz und übersichtlich sein, also besser Stichpunkte als Sätze. Werden Moderationskarten verwendet, gilt: Ein Stichpunkt pro Karte.
- Auf einem Flipchart haben ca. sechs gut lesbare Begriffe, am besten in Form von Aufzählungspunkten Platz.

Als Sketch präsentieren

Bieten Sie den Teilnehmern auch die Möglichkeit an, ihre Arbeitsergebnisse in Form eines kleinen Sketches zu präsentieren. Besonders geeignet ist diese Form der Präsentation, wenn der Workshop die Optimierung der Zusammenarbeit innerhalb einer Abteilung oder zwischen verschiedenen Filialen zum Ziel hat. In einem Sketch könnte der Ist- und der Sollzustand lebendig und humorvoll dargestellt werden. Dadurch werden Konflikte bereits vorab teilweise verarbeitet. Auch bei anderen Themen werden mit dieser Art der Darstellung von Ideen, Sachverhalten und Lösungen die Kernaussagen besonders klar. Sie werden staunen, wie sich gerade diese Präsentation bei allen einprägt! Hier sollten Sie zur Dokumentation bereits während der Darbietung einige Szenen fotografisch festhalten.

Die Kreativphase: Ideen finden

Es ist soweit – die Gruppe/n kann bzw. können mit der Ideen-findung loslegen: Kreativität ist gefragt. Egal, ob es sich um einen Produkt-, Strategie- oder Problemlöse-Workshop handelt, die Teilnehmer sollen nun innerhalb eines bestimmten Zeitrahmens möglichst viele gute Ideen haben. Aber auf Knopfdruck ist das schlecht möglich. Deshalb stellen wir Ihnen im Folgenden Techniken vor, wie Sie als Moderator die Kreativität der Teilnehmer anregen und Blockaden beseitigen.

Ideen sammeln

Wir stellen Ihnen vier Techniken vor, wie Sie in der Groß- oder Kleingruppe Ideen zu einem Thema zusammentragen können.

Brainstorming (Kartenabfrage)

Der Klassiker: Die Teilnehmer äußern zu einem Begriff oder Thema spontan ihre Ideen, die schriftlich festgehalten werden. Brainstorming ist ideal für die intensive Ideensammlung. Die Methode ist aber nicht auf die Kreativphase beschränkt. Auch beim Festlegen von Maßnahmenkatalogen setzten wir sie erfolgreich ein. Brainstorming können Sie in Kleingruppen – mit anschließender Bewertung des Ergebnisses im Plenum –, aber auch mit der gesamten Gruppe durchführen.

Weisen Sie vor Beginn des Brainstormings auf bestimmte Formalia hin: Ausreichende Schriftgröße, leserliche Schrift (Beispielkarte zeigen), nur ein Stichwort pro Karte.

Schritt für Schritt: Brainstorming

 1 Sie definieren die Fragestellung und stellen den Teilnehmern einen gewissen Zeitrahmen zur Verfügung.

 2 Jeder Teilnehmer bzw. jede Gruppe erhält eine Anzahl von Moderationskarten, auf der die Ideen notiert werden. Während dieser Phase darf keine Bewertung oder gar Kritik stattfinden (Achtung: Killerphrasen). Der Ideenfluss soll nicht unterbrochen werden. Fantasien, verrückte Ideen und Assoziationen sind willkommen.

 3 Nach Ablauf des Zeitfensters werden alle Moderationskarten an eine Pinnwand geheftet, sortiert und durch die Gruppe bewertet (dazu mehr ab S. 86, da der Schritt für alle Techniken der Ideensammlung gilt).

4 Zum Schluss erfolgt durch die gesamte Gruppe eine Auswahl der meisten Erfolg versprechenden Ideen, die dann vertieft und weiter verfolgt werden.

Zuruflisten

Funktioniert ähnlich wie Brainstorming – nur schneller und ohne Aufschreiben. Diese Technik ist effektiv, wenn es darum geht, schnell einen Einstieg in ein Thema zu finden. Wir setzen sie vor allem bei der Ideensammlung ein. Die Vorbereitungen dafür sind gering und die Ergebnisse meist zahlreich:

Schritt für Schritt: Zuruflisten

⬇ 1 Sie geben einen kurzen Überblick über das Thema und notieren – auf einer Pinnwand, einer Tafel oder einem Flipchart – die exakte Fragenstellung.

⬇ 2 Sie bitten ein oder zwei Teilnehmer, das Aufschreiben der Zurufe zu übernehmen.

⬇ 3 Nach einer kleinen Pause, die den Teilnehmern die Möglichkeit gibt, ein bisschen über die Fragestellung nachzudenken, geht es los. Jeder Zuruf wird von den Helfern schriftlich festgehalten (auf Karten). Es gibt keinerlei Diskussionen und Nachfragen während des Sammelns. Die Zurufe erfolgen ohne Wortmeldungen wild durcheinander. Ihre Aufgabe ist es, darauf zu achten, dass kein Zuruf verloren geht. Übrigens hat sich die modernere Variante des Aufschreibens – also mit Laptop und Beamer – als wenig praktikabel erwiesen: Zurufe und Schreibgeschwindigkeit lassen sich hier nur schwer koordinieren.

4 Nach dem Sammeln werden alle Beiträge im Plenum sortiert und bewertet.

Methode 635 (Brainwriting)

Der Vorteil dieser Methode im Vergleich zu Brainstorming ist, dass auch Teilnehmer zum Zuge kommen, die in der Gruppe eher zurückhaltend sind. Auch die Zahl der Ideen, die generiert werden, ist hier in der Regel höher. Am besten funktioniert die Technik in Gruppen von 6 Teilnehmern.

Schritt für Schritt: Methode 635 (Brainwriting)

 1 Jeder Teilnehmer legt auf einem DIN-A-3 Blatt eine Tabelle mit 6 Zeilen und 3 Spalten an und schreibt innerhalb von 5 Minuten eine Idee in jede Spalte.

 2 Dann gibt er das Blatt an einen anderen Teilnehmer weiter, der wiederum 3 Ideen innerhalb von 5 Minuten notiert und das Blatt weiterreicht. Bei einer Anzahl von 6 Personen ergibt diese Methode 6 x 3 x 6 = 108 Ideen. Jeder sieht dabei die Ideen der Kollegen, die bereits auf dem Blatt stehen.

3 In einer weiteren Runde können die Ergebnisse auf ihre Durchführbarkeit und Erfolgswahrscheinlichkeit von jedem einzelnen Teilnehmer bewertet werden. Das Gleiche kann aber auch durch mündliche Diskussion im Plenum geschehen.

Mind Maps

Auch Mind Mapping ist eine Kreativtechnik, bei der die Teilnehmer Ideen notieren. Im Gegensatz zum Brainstorming, bei dem eine Reihe von unsortierten Begriffen produziert wird, notieren die Teilnehmer ihre Ideen beim Mind Mapping von Beginn an in einer vernetzten Struktur. Das Wort Mind Map, wörtlich übersetzt „Gehirnlandkarte", wurde von Tony Buzan erfunden. Er wollte die Art des Notierens von Gedanken der Art des menschlichen Denkens anpassen. Mind Mapping visualisiert also die Ideen von Beginn an wesentlich stärker als andere Methoden. Es eignet sich deshalb besonders gut für das schnelle und bessere Erfassen von Ideen und Zusam-

menhängen. Auch die spätere Dokumentation wird verein-
facht. Des Weiteren dient eine Mind Map bei der anschlie-
ßenden Umsetzung als Leitfaden. Sie können auch Techniken
kombinieren und z. B. mittels einer Mind Map die Ergebnisse
eines Brainstormings sortieren.

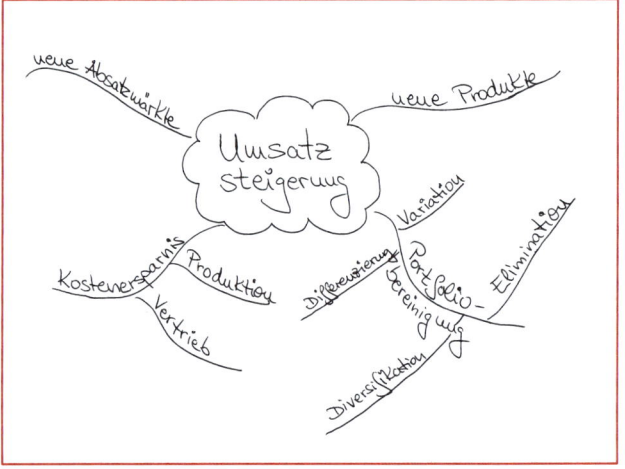

Beispiel für eine Mind Map nach Ideensammlung

Und so funktioniert es:

- Die Teilnehmer schreiben ihr Hauptthema in die Mitte
  eines Flipchart-Blattes oder einer Pinnwand.
- Die Unterthemen bzw. Assoziationen werden auf Linien
  (Ästen) geschrieben, die von der Wolke nach außen weg-
  führen. Von diesen wiederum können Abzweigungen weg-
  führen (Zweige), auf denen weitere Themen stehen.

- Idealerweise werden die Themen durch Bilder oder Symbole visuell ergänzt und sind somit einprägsamer.

Mehr über diese Technik können Sie im TaschenGuide „Mind Mapping" nachlesen.

Ideenfindung fördern

Die bisher vorgestellten Techniken gehen davon aus, dass die Teilnehmer schon Ideen haben, sobald sie dazu aufgefordert werden, diese zu äußern. Was aber tun, wenn die Ideen nicht so sprudeln, wie man sich das wünscht? Im Folgenden stellen wir Ihnen einige Techniken vor, welche die Teilnehmer beleben, ihr Fantasie anregen und es Ihnen erleichtern, auch einmal ungewöhnliche Ideen zu äußern.

Rollenspiele

Rollenspiele bieten einen großen Vorteil: Sie sprechen vor allem das Gefühl der Teilnehmer an und regen die Kreativität an. Jedoch: Nicht jeder Teilnehmer mag Rollenspiele. Sie sollten deshalb im Vorfeld genau überlegen, ob Rollenspiele zum Thema und zum Teilnehmerkreis passen. Hier kommt es auf Ihr Feingefühl an. Denn nichts ist so enttäuschend, wie ein geplantes Rollenspiel, bei dem die Teilnehmer nur lustlos mitmachen. Erfahrungsgemäß lässt sich aber mit der passenden Idee selbst ein „ernster" Führungskräftekreis zum Spielen anregen. Der Nutzen von Rollenspielen ist:

- Ideen, Strategien, Handlungen, die in der Realität umgesetzt werden sollen, lassen sich im Workshop realistisch darstellen und so wesentlich besser nachvollziehen, auch in ihren positiven oder negativen Wirkungen – die ja ebenfalls hautnah „erlebt" werden. Aha-Effekte sind bei Rollenspielen daher sehr häufig.

- Für die Realität geplante Aktivitäten lassen sich einüben, spielerisch, vor dem Ernstfall. Zusätzlich werden sie wesentlich stärker im Gehirn verankert, als wenn sie nur auf dem Papier stehen.

- Durch das Schlüpfen in andere Rollen können die Teilnehmer die Workshop-Thematik sozusagen mit anderen Augen, aus einer anderen Perspektive heraus betrachten. Das ist ein Vorteil bei Workshops, bei denen es auch darum geht, herauszufinden, ob bestimmte Maßnahmen überhaupt umsetzbar sind.

- Spielen macht vielen Menschen Spaß – und das öffnet die Teilnehmer füreinander und für die Arbeit am Thema.

Die Einsatzgebiete sind vielfältig: Wir setzen das Rollenspiel sehr erfolgreich in Workshops zur Erarbeitung neuer Verkaufsstrategien ein. Aber auch in Teambildungs-Workshops hat es uns schon sehr gute Dienste geleistet. Allein die Frage: „Wie würden Sie reagieren, wenn ..." führte z. B. bei Konfliktpartnern zu erstaunlichen Aha-Erlebnissen, die uns das weitere Arbeiten sehr erleichterten.

Generell gilt: Je mehr es im Workshop um die persönlichen Verhaltensweisen der Teilnehmer geht (z. B. im Verkauf oder in der Zusammenarbeit), desto besser sind Rollenspiele geeignet, die Workshop-Ziele zu erreichen. Rollenspiele können Sie im Plenum ausführen, erfahrungsgemäß fällt es den Teilnehmern in Kleingruppen aber leichter.

Zum Schluss noch einige Anregungen für die konkrete Umsetzung in Workshops:

- Lassen Sie Ihre Teilnehmer in andere Rollen schlüpfen. Wie würde z. B. ein Hausmeister auf die notwendigen Einsparungsmaßnahmen seines Unternehmens auf allen Ebenen reagieren, wie verhält sich ein Verkäufer in der Rolle des Kunden?

- Regen Sie auch an, eine reale (Konflikt-)Situation z. B. zwischen Abteilungen einer Firma an einem anderen Ort stattfinden zu lassen. Beispiele: ein anderes Unternehmen, eine andere Branche, ein Verein, ein fremdes Land usw. Das öffnet neue Perspektiven.

- Warum nicht einen Kurzfilm drehen? Wenn genügend Zeit vorhanden ist und es der Problemlösung dient! Hierzu erstellt die Gruppe zunächst ein Drehbuch, wählt die Darsteller und das Publikum aus sowie Ausstattung und Kamera. Ein solches Projekt intensiviert die Zusammenarbeit.

- Utensilien können beim Rollenspiel hilfreich sein. Für viel Gelächter sorgt in unseren Verkaufsworkshops z. B. die „rosarote Brille" für denjenigen, der die Rolle des Verkäufers übernahm. Die Verkaufswelt scheint für ihn in Ordnung zu sein, obwohl das vielleicht schon lange nicht mehr den Tatsachen entspricht.

Denkhüte und Denkstühle

Die abgeschwächte Variante des Rollenspiels: Auch bei dieser Methode schlüpfen die Teilnehmer in verschiedene Rollen, jedoch lediglich im Sinne von einzelnen Haltungen. Auch diese Technik eignet sich – ohne den Aufwand eines Rollenspiels zu betreiben – dafür, neue Perspektiven und Sichtweisen bei den Teilnehmern zu fördern. Die Methode eignet sich besonders gut in der Ordnungs-, Bewertungs- oder Entscheidungsphase.

Bei der Methode der sechs Denkhüte wird zunächst eine Fragestellung oder ein Lösungsvorschlag definiert. Dann setzen die Teilnehmer nacheinander verschiedenfarbige Hüte auf und äußern sich jeweils drei Minuten lang zu diesem Lösungsvorschlag. Ein Teilnehmer ohne Hut oder der Moderator schreibt mit, d. h. je zwei, drei Stichworte auf Karten.

- Der weiße Hut steht für ein weißes Blatt Papier und der Träger soll die reinen Informationen zum Lösungsvorschlag geben, ohne Wertung.

- Der Teilnehmer mit dem roten Hut soll seine Gefühle bezüglich der Lösung äußern.

- Der schwarze Hut steht für Bedenken und Kritik und der Teilnehmer darf zur Vorsicht mahnen.

- Der gelbe Hut symbolisiert den Sonnenschein und der Teilnehmer soll die Vorteile einer Lösung in den Vordergrund stellen.

- Der Teilnehmer mit dem grünen Hut soll die Lösung auf ihren Gehalt an neuen Ideen und Kreativität beleuchten und die Möglichkeiten des Wachstums aufzeigen.

- Mit dem blauen Hut nimmt der Teilnehmer die Vogelperspektive ein, d. h. er sieht die Aufgabe mit Distanz und Objektivität.

Dann werden die Karten an die Pinnwand geheftet oder in Form einer Mind Map visualisiert und stehen z. B. so zum Vergleich mit anderen Lösungsvorschlägen zur Verfügung.

Eine Variante sind die Denkstühle: Die Teilnehmer setzen sich auf unterschiedliche Denkstühle wie z. B. auf den des Träumers, des Realisten und des Kritikers. Idealerweise stellen Sie drei Stühle auf mit den drei Beschriftungen. Jeder Teilnehmer darf auf jedem Stuhl für eine vorgegebene Zeit Platz nehmen.

Mentale Provokation

Auch hier sollen die Teilnehmer ein bisschen „spielen": Um die Gruppenmitglieder zu provozieren und damit zu Ideen anzuregen, macht ein Teilnehmer (oder im Plenum: der Moderator) eine Aussage, die einen Sachverhalt übertreibt, z. B. weil sie auf den ersten Blick überhaupt nicht realisierbar ist, genau das Gegenteil der bekannten Meinung des Sprechenden darstellt oder im Widerspruch zu den Erfahrungen der Teilnehmer steht. Einige Beispiele: „Bücher mit 4 Seiten verkaufen sich am besten." oder „Jeder Kunde liebt es, hundertmal am Tag angerufen zu werden."

Kopfstandtechnik

Bei dieser Technik wird die Fragestellung zunächst ins Gegenteil verkehrt, damit man anschließend durch eine erneute Umkehrung auf neue Ideen kommt. Diese Methode führt oft zu Aussagen, die zur großen Erheiterung der Teilnehmer beitragen – das löst Denkblockaden und erleichtert es den Teilnehmern, neue Richtungen einzuschlagen. Diese Technik können sowohl Einzelpersonen als auch Teams anwenden.

Beispiel: Kundenbindung

 „Wie binde ich meine Kunden?" Stellen Sie diese Frage auf den Kopf, wird daraus „Wie werde ich Kunden los?" Die Antworten eröffnen neue Perspektiven, z. B.: Indem ich unfreundlich zu meinen Kunden bin, indem ich keinen Kontakt halte usw. Die Umkehrung zu diesen Aussagen wiederum lautet: Indem ich freundlich zu meinen Kunden bin und mit ihnen Kontakt halte.

Reizwortanalyse

Da bei dieser Technik der Zufall eine große Rolle spielt, fördert sie die Assoziationsfähigkeit der Teilnehmer. Denn sie bringen Begriffe miteinander in Verbindung, die eigentlich keinen Bezug zueinander haben. Sie verlassen dadurch ihre gewohnten Denkwege und produzieren neue und ungewöhnliche Ideen. Die Technik eignet sich auch gut, um ein müdes Brainstorming in Schwung zu bringen. So gehen Sie vor: Definieren Sie eine konkrete Fragestellung. Im Folgenden konfrontieren Sie die Teilnehmer dann mit bestimmten Reizwörtern, zu denen sie bezüglich der Fragestellung assoziieren sollen. Der Moderator oder einer der Teilnehmer schlägt in einem Buch (gut eignen sich Romane oder Wörterbucher) eine beliebige Seite auf und tippt, ohne hinzusehen, auf ein Wort (alternativ kann der Moderator auch schon vorher Kärtchen mit Wörtern vorbereiten). Nun bilden die Teilnehmer Assoziationen zu dem Wort: Welche Verbindung könnte das Wort zu unserer Fragestellung haben?

Beispiel

Wie können wir dem Kunden unser neues Produkt nahe bringen? Das Reizwort ist „Sonntag". Dies könnte zu folgenden Ideen führen: Vielleicht sollten wir unsere Werbeaktion an einem Sonntag beginnen? Der Sonntag hat etwas mit der Sonne zu tun – vielleicht sollten wir unser Produkt daher in gelbes Papier einpacken? Alle Menschen, die an einem Sonntag geboren sind, erhalten unser Produkt kostenlos usw.

Handtaschen-Methode

Diese Technik funktioniert ähnlich wie die vorige, nur sind in diesem Fall Gegenstände die Reize. Der Effekt auf die kreativen Denkprozesse ist ähnlich. So gehen Sie vor: Sie haben im Vorfeld einige Gegenstände in einer Tasche gesammelt (z. B. in der Handtasche oder dem Aktenkoffer). Legen Sie im Workshop die Inhalte auf einen Tisch oder auf den Boden. Die Teilnehmer schaffen nun Assoziationen dazu. Z. B. steht der Terminkalender für Planung Übersicht, Ordnung, Orientierung, einen freien Tag nehmen. Die Teilnehmer bringen diese Merkmale in Verbindung zur Ausgangsfrage.

Beispiel: Kundenbindung

In der Handtasche befinden sich u. a. Handschuhe. Die Assoziation könnte sein: Den Kunden mit Samthandschuhen anfassen. Oder: Ich muss mich warm anziehen. Im Aktenkoffer liegt ein

Terminkalender. Die Schlussfolgerungen könnten lauten: Ich plane bewusst Kundenbindungsaktionen. Ich veranstalte einen Tag der offenen Tür. Jeder Stammkunde erhält zum Jahreswechsel einen wertvollen Jahreskalender oder Terminplaner.

Blitzlicht

Blitzlichter können Sie in allen Phasen des Workshops einsetzen, um rasch und unkompliziert von den Teilnehmern zu erfahren, was sie in diesem Moment denken. Fragen sind z. B., wie sich die Teilnehmer fühlen, welche Kritikpunkte im Raum stehen, ob es noch offene Fragen gibt oder ob der Workshop bis zu diesem Zeitpunkt genau so verläuft, wie sie es sich ursprünglich gedacht haben. Und so geht's: Sie definieren eine Frage und erläutern, warum Sie von jedem ein kurzes Statement haben möchten. Sie geben den Teilnehmern ein wenig Zeit zum Nachdenken. Dann beantwortet jeder Teilnehmer in zwei bis drei Sätzen Ihre Frage, es gibt jedoch keine Diskussion. Hilfreich ist es, dem Teilnehmer, der gerade spricht, etwas zum Festhalten zu geben, z. B. einen Jonglierball, einen Stein oder eine Muschel.

Strukturieren, bewerten, entscheiden

Die Ideen, die aus einer Gruppenarbeit hervorgehen, müssen nun zunächst geordnet und strukturiert werden. Im Anschluss daran werden sie bewertet, um weitere Entscheidungen treffen zu können, z. B. aus vielen Ideen einen Maßnahmenkatalog zu erstellen.

Inhaltlich ordnen: Clustern

Liegen die Ergebnisse aus den Gruppenarbeiten vor, sollten diese strukturiert werden. Dies geschieht in den meisten Fällen inhaltlich oder zeitlich.

Die Ideen hängen meistens in der Form von Moderationskarten auf den Pinnwänden, die nun auf unterschiedliche Arten geordnet werden können:

- Der Moderator nimmt die erste Karte und hängt sie an eine andere Pinnwand. Bei der zweiten Karte fragt er die Teilnehmer, ob sie thematisch zur ersten gehört. Wenn nicht, hängt er sie an eine dritte Pinnwand usw. Die Hängung kann untereinander erfolgen oder als Gruppe, um die man am Schluss z. B. eine Wolke zeichnet. Am Ende ordnen die Teilnehmer den so entstandenen Sammlungen auf den Pinnwänden Oberbegriffe zu.

- Die Teilnehmer sehen sich alle Karten an und finden gleich grobe Oberbegriffe, unter die sich die gesammelten Ideen vermutlich ordnen lassen. Diese Oberbegriffe schreibt der Moderator auf einzelne Pinnwände und die Teilnehmer ordnen nun die Karten den Oberbegriffen zu, indem sie selbst die Karten auf die entsprechenden Pinnwände hängen oder dem Moderator Karte für Karte sagen, wohin er sie hängen soll.

Bitte achten Sie als Moderator darauf, dass auch mehrfache Nennungen der gleichen Idee mit aufgehängt werden. Denn sie sind für die spätere Bewertung ein wichtiger Anhaltspunkt. Bei Karten, die den Teilnehmern unverständlich sind, fragen Sie beim Autor nach, wie die Idee gemeint ist.

Bewerten

Aus einer Fülle von Ideen gilt es nun, die Erfolg versprechenden auszuwählen. Nur mit diesen wird dann im Anschluss
(nämlich in der Entscheidungsphase, siehe S. 90) weitergearbeitet. Zur Bewertung sollte jeder Teilnehmer die Möglichkeit
haben, seine Einschätzung abzugeben. Dies erfolgt entweder
noch im Rahmen der Gruppenarbeit oder im Plenum. Folgende Methoden empfehlen wir Ihnen.

Punkte vergeben

Der Klassiker unter den Bewertungsmethoden: Jeder Teilnehmer erhält eine bestimmte Anzahl von farbigen Klebepunkten (gut sind z. B. drei bis vier) und bewertet seine Favoriten, indem er einen oder mehrere Punkte vergibt. Die Ideen,
die am Schluss die meisten Punkte bekommen haben, werden
weiterverfolgt. Der Moderator zählt am Schluss die Punkte
vor allen Teilnehmern zusammen und notiert das Ergebnis
sichtbar. Alternativ zu Klebepunkten können die Teilnehmer
auch Pinnnadeln verteilen oder Striche zeichnen.

Dies ist eine oft angewandte Methode – so oft, dass manche
(erfahrenen) Workshop-Teilnehmer allergisch dagegen reagieren. Und natürlich hat die Methode Vor- und Nachteile:

▪ Von Vorteil ist, dass die Bewertung der Gruppe visualisiert
  wird und dass sich jeder Teilnehmer aktiv einbringt, auch
  diejenigen, die sich in der Runde etwas schwerer tun würden, ihre Meinung offen zu äußern.

- Der Nachteil des Punktens ist, dass die Methode recht einfach ist und keine Argumente ausgetauscht werden. Dies kann sich später in der Entscheidungsphase negativ auswirken, weil sich die Teilnehmer weniger von Argumenten leiten lassen als von Kriterien wie der Urheberschaft eines Vorschlags oder ähnlichem.

Alternativen zum Punkten

- Handzeichen: Eine Alternative zum Punkten ist die Abstimmung per Handzeichen. Die Anzahl der Meldungen halten Sie schriftlich auf dem Flipchart oder auf der Pinnwand fest.

- Stellung beziehen: Gerade bei einer überschaubaren Anzahl von Fragestellungen und wenn eine klare Stellungnahme der Teilnehmer dem Weiterarbeiten zuträglich ist, empfiehlt sich diese Art der Abfrage: Sie benötigen dafür etwas Platz, z. B. zwei oder drei Ecken eines Raumes. Fordern Sie die Teilnehmer, die für Vorschlag A sind, sich in die rechte Ecke zu stellen, die für Vorschlag B plädieren in die linke und die Vorschlag C gutheißen in eine andere Ecke des Raumes.

Argumente sammeln

Die oben beschriebenen Gefahren des reinen Punktens können Sie auffangen, indem Sie im Anschluss daran Argumente für und gegen die „Gewinner" sammeln, die bei der späteren Entscheidung über die Umsetzung unterstützend wirken.

Notieren Sie die Argumente auf Pinnwand oder Whiteboard, denn diese Visualisierung gewährleistet, dass die Teilnehmer die Argumente in der Entscheidungsphase präsent haben.

So gehen Sie vor: Für die Ideen, die am besten bewertet wurden – die „Gewinner" –, befragen Sie also die Teilnehmer nach ihren Beweggründen für ihre Auswahl. Notieren Sie diese Argumente. Die Teilnehmer können dabei einen Satz weiterführen, den Sie vorher auf dem Flipchart notiert haben. Beispielsweise: „Ich bevorzuge Vorschlag A, weil …"

Eine weitere Möglichkeit, Argumente für oder gegen eine Idee zu sammeln, ist das Erstellen einer Pro-und-Contra-Liste auf einer Pinnwand oder einem Flipchart. Dazu formulieren Sie das Thema bzw. die Frage als Überschrift und setzen eine zweispaltige Tabelle mit „Pro" und „Contra". Auf Zuruf notieren Sie dann die einzelnen Argumente. Während dieser Phase darf keine Wertung oder Diskussion stattfinden. Erfahrungsgemäß ist es besser, bei *allen* zu bewertenden Vorschlägen zuerst die Pro-Spalte zu füllen und dann erst die Contra-Spalten.

Vertiefen und entscheiden

Nun kommt der letzte wichtige Schritt: die Entscheidung, welche Vorschläge weiterverfolgt werden sollen.

Entscheidungsmatrix erstellen

Als Unterstützung bietet sich hier die Erstellung einer Entscheidungsmatrix an. Die visualisierten Argumente aus dem vorhergehenden Schritt sind hierfür hilfreich.

Schritt für Schritt: Entscheidungsmatrix

1 Sammeln Sie mit den Teilnehmern per Zurufliste Bewertungskriterien, die für alle Lösungsvorschläge gelten, die noch übrig geblieben sind.

2 Diese notieren Sie am besten auf Karten und heften diese an eine Pinnwand. Definieren Sie dann, auf wie viele Kriterien Sie sich insgesamt einigen möchten.

3 Die Teilnehmer wählen nun die besten Bewertungskriterien aus, indem sie Klebepunkte vergeben. Übrig bleiben die Kriterien mit den meisten Klebepunkten.

4 Nun zeichnet der Moderator die Entscheidungsmatrix auf ein Flipchart: In die Kopfzeile kommen – jeweils in eine Spalte – die Alternativen der Lösungsvorschläge. In die erste Spalte schreiben Sie die ausgewählten Entscheidungskriterien.

5 Jeder Teilnehmer vergibt nun wiederum einen Klebepunkt für jedes Kriterium an seinen jeweiligen Favoriten. Zum Schluss zählt der Moderator die Punkte pro Alternative zusammen und ermittelt somit den „Sieger".

Beispiel Entscheidungsmatrix

	Neue Produkte	Portfolio- bereinigung	Kosten- einsparung	Neue Ab- satzmärkte
Zeit	●●	●●●	●●●	●●
Kosten	●●●	●●●	●●	●●
Personal	●●	●	●●	●●●
Knowhow	●	●	●●	●●●
Summe	8	8	9	10

Diskussion und Abstimmung

Auch die Diskussion kann ein Mittel sein, in der Gruppe zu einer Entscheidung zu kommen. Diskussionen – egal in welcher Gruppenstärke – sind jedoch immer ein heikles Thema. Bei Diskussionen ist häufig zu beobachten, dass hauptsächlich die rhetorisch geschulten Personen zum Zuge kommen. Somit gehen wertvolle Beiträge von eher zurückhaltenden Teilnehmern verloren. Des Weiteren können sich zwei Parteien bilden, die auf dieser Bühne ihre Konflikte austragen, die in keinem direkten Zusammenhang zum Thema stehen. Sie sollten diese Technik daher nur einsetzen, wenn es die Atmosphäre in der Gruppe zulässt. Lassen sich bereits vorab gewisse Aggressionen unter einzelnen Teilnehmern wahrnehmen, ist dies mit Sicherheit nicht die geeignete Methode.

Der Vorteil einer Diskussion mit anschließender Abstimmung ist, dass Argumente und Erklärungen von der Gruppe beleuchtet werden und damit die Entscheidungsfindung beschleunigt wird. Auch können spontan neue Ideen entstehen.

Checkliste: So leiten Sie Diskussionen

Vor der Diskussion:

- Herrscht die richtige Atmosphäre für Diskussionen (respektvoll, wertschätzend, zielorientiert)?

- Definieren Sie Thema und Ziel der Diskussion und visualisieren Sie beides auf einem Flipchart.

- Soll nach der Diskussion abgestimmt werden?

- Legen Sie ein Zeitlimit für die gesamte Diskussion sowie für jeden Redebeitrag fest. Vereinbaren Sie ein Zeichen, dass dem Redner das Ende der Redezeit deutlich macht, z. B. indem der Moderator die Hand hebt.

- Bei umfangreichen Gruppen sollten Sie als Moderator eine Rednerliste führen.

Während der Diskussion:

- Sorgen Sie dafür, dass die Regeln eingehalten werden, indem Sie die Teilnehmer daran erinnern. Unterbrechen Sie auch, wenn nötig.

- Sorgen Sie dafür, dass die Teilnehmer das Ziel nicht aus den Augen verlieren. Deshalb sollten Sie immer wieder zusammenfassen, auf den Punkt bringen, Verbindungen zwischen verschiedenen Teilnehmern herstellen, neue Gedanken einwerfen usw.

- Visualisieren Sie Zwischenergebnisse sowie am Schluss das Endergebnis der Diskussion auf dem Flipchart.

- Fassen Sie das Ergebnis zusammen, klären Sie offene Fragen und danken Sie den Teilnehmern.

Die Ergebnisse präsentieren

Haben Sie die Kleingruppen schon in der Bewertungs- oder Entscheidungsphase aufgelöst und wieder alle Teilnehmer an den Entscheidungen mitwirken lassen, dann erübrigt sich natürlich das Präsentieren.

Haben die Kleingruppen jedoch bis zur Entscheidungsphase zusammengearbeitet, sollten die Ergebnisse der Gruppenarbeit nun allen anderen Teilnehmern präsentiert werden. Hierzu haben Sie im Vorfeld bei Erteilung des Arbeitsauftrages an die Gruppen die Art der Dokumentation und Präsentation festgelegt. Die Gruppe entscheidet selbst, wer präsentieren soll. Beauftragen Sie das Publikum, während des Vortrags auf die Kernaussagen zu achten und anschließend Rückmeldung zu geben. Beobachten Sie selbst, ob die Inhalte und Kernaussagen beim Publikum ankommen, und fragen Sie die Zuhörer, ob die Aussagen eindeutig waren. Stellen Sie Verständnisfragen, falls Sie Unklarheiten feststellen oder wenn Sie das Gefühl haben, dass die Inhalte nicht bei allen angekommen sind.

Haben die Gruppen ihre Ergebnisse präsentiert, bekommt das Plenum Gelegenheit, sich zu äußern. Am besten fassen Sie als Moderator die Kernaussagen der einzelnen Präsentationen noch einmal zusammen und fordern das Plenum über ein Blitzlicht zur Meinungsäußerung auf. Dies eignet sich natürlich nur, wenn die Entscheidungen der Gruppen bereits Teil des Workshop-Ergebnisses sind, wenn also mit den Ergebnissen der Gruppenarbeit nicht noch weiter im Plenum gearbeitet wird. Zum Schluss sollten Sie oder ein Teilnehmer die Präsentationen dokumentieren und fotografieren.

Maßnahmenplan erstellen und Ergebnisse festhalten

Liegen alle Ergebnisse vor und hat die Gruppe bzw. das Plenum sich für bestimmte Lösungen entschieden, sollte ein Maßnahmenplan für die Zeit nach dem Workshop erstellt werden. In diesem werden alle Aufgaben, die dazugehörige Zielsetzung, die verantwortlichen Personen und das Datum der Erledigung aufgelistet. Tragen Sie dabei die kurzfristig umzusetzenden Maßnahmen zuerst ein, gefolgt von den mittelfristigen und zuletzt die langfristigen Aufgaben.

Als Methode, um den Maßnahmenplan in Kleingruppen oder im Plenum zu erstellen, eignet sich die Zurufliste. Sie fertigen den Plan dann per Zuruf auf einem Flipchart an.

Nr.	Maßnahme	Ziel	Verant-wortlich	Datum
1	Brainstorming	Produkt-entwicklung	Sabine Huber	20.01
2	Umsatz-/ Gewinnanalyse	Portfolio-bereinigung	Franz Fischer	30.01.
3	Marktforschung	Absatzmärkte	Andrea Rot	15.02.

Workshop protokollieren

Alle Workshop-Ergebnisse sollten Sie dokumentieren und protokollieren: Idealerweise wird bereits zu Beginn des Workshops einer der Teilnehmer mit der Aufgabe des Protokollierens betraut, so dass schon während des Arbeitens die wesentlichen Aufgaben und Ergebnisse in Stichpunkten festgehalten werden. Vor allem müssen in dem Protokoll alle Vereinbarungen und Beschlüsse dokumentiert werden, um später die Umsetzung für Nichtbeteiligte nachvollziehbar zu dokumentieren. Durch das Fotografieren der Flipcharts, Pinnwände oder Poster und durch die Erfassung des Maßnahmenplans in einem Laptop entstehen Dokumente, die Bestandteile dieses Protokolls werden. Und am Schluss: Bitten Sie alle Teilnehmer, das Protokoll zu unterschreiben – das erhöht die Identifikation mit den Workshop-Ergebnissen und steigert die Motivation für die spätere Umsetzung.

Checkliste: Bestandteile des Protokolls

- Ort, Tag und Uhrzeit des Workshops
- Beteiligte Personen
- Ziele, Themen und Aufgaben sowie die daraus resultierenden Ergebnisse
- Maßnahmenplan mit Tätigkeiten, Verantwortlichen und Terminen

Feedback der Teilnehmer

Nun ist die Zeit des Feedbacks: Fragen Sie bei den Teilnehmern die Zufriedenheit mit den Arbeitsergebnissen, mit dem Ablauf des Workshops und mit Ihnen als Moderator ab.

Sind die Workshop-Ziele erreicht?

Nach dem Erstellen des Maßnahmenplans steht die spannende Frage an: Haben wir unsere Ziele erreicht? Diese Abfrage stellt zugleich das Feedback der Teilnehmer bezüglich der Ergebnisse und dem Nutzen des Workshops dar. Als Moderator stellen Sie dabei die Ziele, die zu Beginn des Workshops kommuniziert wurden, den Ergebnissen (dem erarbeiteten Maßnahmenplan) gegenüber, idealerweise in Form des für die Ziele und die Maßnahmen verwendeten Flipcharts. Rufen Sie die Antworten auf die unten stehenden Fragen in einer offenen Diskussion oder in einem Blitzlicht ab. Dokumentieren Sie Verbesserungs- oder Ergänzungsvorschläge.

Checkliste: Zielerreichung prüfen

- Entsprechen die Ergebnisse den Zielen des Workshops?
- Wo könnte das Ergebnis noch besser den Zielen entsprechen?
- Sind die Ergebnisse verständlich und konkret formuliert?
- Sind die Ergebnisse in der Praxis umsetzbar und ist die Umsetzung überprüfbar?
- Welchen Nutzen haben wir, wenn wir die Ergebnisse umsetzen?

Feedback zum Ablauf und Moderator

Holen Sie sich das Feedback der einzelnen Teilnehmer auch in Bezug auf den Workshop-Ablauf und Ihre Moderation.

Generelles Feedback

Insbesondere bei kurzen Workshops oder wenn Sie aus Zeitgründen kein ausführliches Feedback abfragen können, eigenen sich folgende Kurzformen:

- Blitzlicht: Jeder Teilnehmer führt einen Satz weiter, z. B.: „Aus dem Workshop nehme ich Folgendes mit …" oder „An dem Workshop hat mir Folgendes gefallen …"
- Stimmungsbarometer: Teilnehmer kleben farbige Punkte unter drei verschiedene – auf einem Flipchart vorbereitete – Smileys (lachend, neutral, traurig) oder jeder malt einen Smiley analog seiner Stimmung auf einen Flipchart.
- Gegenstände platzieren: Die Teilnehmer sitzen im Stuhlkreis. Jeder darf zur gleichen Zeit einen Gegenstand (Kugelschreiber, Notizblock, Flasche) auf den Boden legen. Je näher sie diesen vor sich legen, desto schlechter beurteilen sie den Tag bzw. den Workshop und je weiter sie ihn zum Mittelpunkt legen, desto zufriedener waren sie mit dem Ablauf.

Detailliertes Feedback

Besser ist ein detailliertes Feedback – die Zeit, die dafür gebraucht wird, zahlt sich meistens hinterher aus. Denn ein

Feedback bedeutet natürlich immer die Chance zur Verbesserung.

Besser sind immer persönliche Abfragen in Form eines Blitzlichts. Ein Fragebogen mit Bewertungsskala ist möglich und praktisch. Da er aber in der Regel anonym ausgefüllt wird, ist die Motivation der Teilnehmer, konstruktives Feedback zu geben, in manchen Fällen nicht sehr hoch.

Leitfaden: Mögliche Fragen an die Teilnehmer

- Was hat Ihnen an der Örtlichkeit gut und was weniger gut gefallen?
- War das Thema zu komplex?
- Wie beurteilen Sie den Ablauf des Workshops?
- War das Programm zu straff?
- Was hat Ihnen am Programm nicht gefallen?
- Wie empfanden Sie den Einsatz von Medien?
- Wie empfanden Sie die Atmosphäre im Plenum?
- Wie kamen Sie mit der Gruppenarbeit zurecht?
- Wie empfanden Sie die Atmosphäre in den Arbeitsgruppen?
- Wie empfanden Sie die Moderation?
- Was könnte der Moderator besser machen?

Schlusspunkt und Dank

Am Ende des Workshops sollten Sie einige persönliche Worte an die Teilnehmer richten. Bedanken Sie sich bei der Gruppe für die aktive und konstruktive Mitarbeit. Schildern Sie, wie Sie die Zusammenarbeit empfanden und was Ihnen speziell gefallen hat. Wünschen Sie den Teilnehmern viel Erfolg bei der Umsetzung bzw. drücken Sie, falls Sie die Gruppe bei der Umsetzung begleiten, Ihre Freude darauf aus.

Workshop-Anker

Eine nette Geste ist es, wenn Sie den Teilnehmern als Erinnerung ein Geschenk mitgeben, welches in Zusammenhang mit dem Workshop steht und Symbolcharakter hat. So könnte z. B. die Firma „Spiel mit" ihren Workshop-Teilnehmern eine lustige Holzfigur überreichen als Hinweis auf die Erweiterung der Produktpalette. Die Mitarbeiter der ehemals konkurrierenden Abteilungen Produktion und Vertrieb einer anderen Firma bekommen ein kleines Boot („Wir sitzen alle in einem Boot") oder eine Kordel („Wir ziehen alle an einem Strang").

Rituale bauen Brücken

Mit Gruppenritualen stärken Sie zum Schluss noch einmal das Gruppengefühl und fördern die spätere Erinnerung der Teilnehmer an die gemeinsame Arbeit.

Einen kurzen, starken Schlusspunkt setzen

Die Gruppe steht im Kreis. Sie erklären der Gruppe das Vorgehen: Sie werden gleich eine Bewegung machen und ein Wort ausrufen und alle sollen beides wiederholen. Der Trainer macht einen Schritt nach vorne, führt die rechte Hand von links oben nach rechts unten und ruft: „Schluss!" Die Teilnehmer machen das nach. – Der Trainer macht einen Schritt nach vorne, führt die linke Hand von rechts oben nach links unten und ruft: „Aus!" Die Teilnehmer wiederholen das. – Der Kursleiter macht einen Schritt nach vorne, kreuzt beide Hände vor dem Körper und ruft laut: „Basta!" Die Teilnehmer machen es ihm gleich.

Eine Abschiedsgeste mit emotionaler Wirkung

Alle Teilnehmer stehen im Kreis. Ein Teilnehmer beginnt und streckt seine rechte Hand – mit dem Handrücken nach oben – in die Mitte. Der Nachbar neben ihm – egal ob links oder rechts – legt seine rechte Hand darauf. So geht es reihum, bis alle ihre rechte Hand auf der des Nachbarn „abgelegt" haben. Einer aus der Gruppe – z. B. der, der angefangen hat – spricht einen Abschiedsgruß.

Auf einen Blick: Den Workshop durchführen

- Zu einem Workshop gehören: Begrüßung und gegenseitige Vorstellung, Information über Thema und Ziele, eventuell Aufteilung in Gruppen, Ideenfindung, Ordnen und Bewertung der Ideen, Entscheidungsfindung, Ergebnispräsentation, Festlegung eines Maßnahmenplans sowie Feedbackrunde und Verabschiedung.

- Nehmen Sie sich genügend Zeit für die Informationsphase. Wenn alle Teilnehmer das Thema und die Ziele des Workshops kennen und verstehen, haben Sie schon einen der Grundsteine für einen erfolgreichen Workshop gelegt.

- In der Kreativphase werden die Ideen gesammelt, am besten mittels Methoden wie Brainstorming, Brainwriting oder Zuruflisten.

- Mit Techniken wie Rollenspiele, Denkhüte, mentale Provokation, Kopfstandtechnik oder Reizwortanalyse können Sie den Prozess der Ideenfindung fördern.

- Am Ende eines Workshops empfiehlt es sich, einen Maßnahmenkatalog zu erstellen, in dem das Ziel jeder Maßnahme, die Verantwortlichen sowie die Termine festgehalten werden.

- Am besten ist es, Sie lassen schon während des Workshops ein Protokoll erstellen, das alle Teilnehmer unterschreiben.

Die Aufgaben des Moderators

Der Moderator ist, obwohl er nicht direkt produktiv im Workshop arbeitet, neben den Teilnehmern die zentrale Person – seine Aufgaben sind vielfältig.

In diesem Kapitel lesen Sie,

- welche Medien Sie zum Visualisieren und Dokumentieren einsetzen können (S. 105),

- wie Sie die Teilnehmer aktivieren und das Workshop-Geschehen unterstützend leiten (S. 107),

- wie Sie zur Konfliktvermeidung und -lösung beitragen können (S. 109) und schwierige Situationen meistern (S. 113).

Informieren

Zunächst hat der Moderator die Aufgabe, alle Teilnehmer stets auf den gleichen Wissensstand zu bringen:

- Verteilen Sie schon mit der Einladung schriftliches Informationsmaterial. Die Teilnehmer sollten sich vorab zu einigen Fragen Gedanken machen bzw. Informationen (z. B. Datenmaterial) vorbereiten.

- Halten Sie zu Beginn des Workshops bzw. zur Einleitung jeder Themeneinheit ein Kurzreferat oder lassen Sie dies durch Experten halten.

- Schildern Sie jede Aufgabenstellung einer Gruppen- oder Einzelarbeit präzise und verständlich, geben Sie Hintergrund-Informationen und Beispiele aus der Praxis.

- Hängen Sie Poster als Raumdekoration mit den wichtigsten Informationen (z. B. Firmenphilosophie) auf.

Visualisieren und dokumentieren

Im Wesentlichen erfüllt das Visualisieren von Informationen im Workshop drei Aufgaben:

- **Wissensspeicher:** Die Teilnehmer sollten alle Informationen, Vorschläge usw. auf Medien festhalten, damit alles Wichtige in die Entscheidungsfindung mit einfließt.

- **Zur Orientierung:** Wenn Arbeitsanweisungen, Fragestellungen und Zielsetzungen in Schrift oder Bild allen Teilnehmern ständig zugänglich sind, fällt es ihnen leichter, das Ziel im Auge zu behalten, sei es bei einem Brainstorming oder einer Diskussion.

- **Zum besseren Verständnis von Zusammenhängen:** Gerade bildhafte Darstellungen – z. B. in Mind Maps – fördern das Verständnis.

Wozu Sie welches Medium einsetzen

Einsatzgebiete	Vorteile
Flipchart	
Visualisieren des Themas und der Ziele des Workshops bzw. der Aufgabe einer Gruppe	lassen sich ansprechend mit Farbe, Bildern und Grafiken gestalten
Ablauf und Tagespläne des Workshops als Mind Map	gut vor dem Workshop vorzubereiten
	unterstützen und steigern die Spannung während des Sprechens
	leicht mitzunehmen für spätere Dokumentation
Pinnwand	
Sammeln von Ergebnissen von Zuruflisten oder Brainstormings (Kartenabfragen)	mitzunehmen für die spätere Dokumentation (wenn mit Packpapier bespannt)
Präsentieren von Ergebnissen der Gruppenarbeit, z. B. Poster, Plakate	
Themenspeicher während oder nach dem Workshop	

Poster

ständig präsente Information	können vor dem Workshop vorbereitet werden
	evtl. für mehrere Workshops verwendbar

Laptop und Beamer

in der Informationsphase für Dokumente, die vorbereitet wurden	viele Informationen abrufbar
	für ein sehr großes Publikum sichtbar
Zusammenfassung von Ergebnissen	
nicht geeignet, um Infos parallel zum Workshop-Geschehen zu erfassen	

Fotoapparat

Dokumentation, z. B. für die Mitarbeiterzeitschrift und fürs Internet (jedoch Schrift von Karten auf Pinnwänden u. U. schlecht lesbar)	elektronische Weiterverarbeitung leicht
	Geschehen wird auch optisch festgehalten und dokumentiert (sogar Stimmungen)

Videokamera

Dokumentation, insbesondere von Rollenspielen o.Ä. auch im Internet verwendbar	siehe Fotos, werden jedoch nach dem Workshop seltener angesehen als Fotos

CD-Player und Musik

Auflockerung und um Themenanker zu setzen	kann die Stimmung positiv beeinflussen

Anregen

Ein Workshop lebt von der Aktivität seiner Teilnehmer. Damit diese so lebendig, so konzentriert und so zielstrebig wie möglich arbeiten können, sollte der Moderator für die entsprechenden Voraussetzungen sorgen:

- Positive Atmosphäre schaffen: Beste Rahmenbedingungen, eine schöne Raumgestaltung, optimale Verpflegung – all das sind Voraussetzungen für eine gute Arbeitsatmosphäre.

- Denkanstöße geben: Die Teilnehmer sollen in einem Workshop Ideen entwickeln, Aufgaben lösen und Ergebnisse präsentieren. Der Moderator übernimmt die Aufgabe des Koordinators und Betreuers. Er gibt Denkanstöße, koordiniert das Geschehen, bietet Hilfestellung.

- Mit Kreativitätstechniken die Fantasie anregen: Gewohnte Denkmuster ablegen, alte Pfade verlassen, neue Perspektiven gewinnen und auf diese Weise Ideen finden – stellen Sie für diese Zielsetzung den Teilnehmern einige Kreativitätstechniken vor. Je nach Teilnehmerkreis und Ziel des Workshops sollten diese jedoch nicht zu ungewöhnlich sein und von den Teilnehmern akzeptiert werden. Erklären Sie den Teilnehmern immer den Sinn und Zweck einer Technik, die Sie anwenden.

Leiten

Als Moderator übernehmen Sie das Steuern und Leiten. Dazu gehören neben der Organisation arbeitstechnische Methoden, die den Teilnehmern helfen sollen, zu einem optimalen Arbeitsergebnis zu gelangen.

Checkliste: Leitungsaufgaben

- Erstellen Sie im Vorfeld einen Ablaufplan für die Moderation des Workshops.

- Bereiten Sie Methoden vor, die entsprechend der Zielsetzung des Workshops und der Gruppe zu einer Zielerreichung führen.

- Achten Sie darauf, dass jeder in der Gruppe zu Wort kommt und dass keiner dominiert. Ermuntern Sie zurückhaltende Teilnehmer unaufdringlich.

- Erkennen Sie Aggressionen frühzeitig und beugen Sie Angriffen vor bzw. schützen Sie die Teilnehmer vor unfairer Behandlung durch andere Teilnehmer.

- Sorgen Sie durch geeignete Methoden dafür, dass sich jeder Teilnehmer aktiv einbringen kann.

- Leiten Sie Diskussionen, indem Sie Redebeiträge steuern, auf den Punkt bringen und zusammenfassen.

- Lassen Sie Aussagen der Teilnehmer stehen, außer sie sind schädlich für eine Weiterführung des Workshops.

- Erklären Sie vor jedem Arbeitsschritt, z. B. vor einer Gruppenarbeit die Zielsetzung und die Methode.

- Achten Sie auf Einhaltung des Zeitplans und der Pausen.

- Leiten Sie rechtzeitig zum nächsten Punkt über, v. a. wenn das Thema schon von allen Seiten beleuchtet wurde.

Konflikte konstruktiv lösen

Wenn unterschiedliche Menschen mit unterschiedlichen Motiven in einem Workshop gemeinsam ein Ziel erreichen wollen, wenn sie aufgeregt nach Lösungen suchen, hitzig diskutieren und die Atmosphäre aufgeladen ist, dann entstehen häufig Konflikte.

Wie Konflikte entstehen

Die Erfahrung zeigt, dass es in einem Workshop typische Ausgangssituationen für Konflikte gibt.

- ständige „Besserwisserei" eines Teilnehmers
- häufige Kritik untereinander
- Übereifer eines Teilnehmers, der den anderen die Möglichkeit nimmt, aktiv zu werden
- mäßige oder zu geringe Beteiligung der Teilnehmer
- Standesdünkel, wenn sich Teilnehmer z. B. wegen ihrer beruflichen oder privaten Herkunft berufen fühlen, ständig als „Problemlöser" im Vordergrund zu stehen
- unterschiedliche ethnische Hintergründe, die in Einzelfällen gerade bei politischen oder religiösen Minderheiten oder bei Teilnehmern mit Migrationshintergrund zu Problemen führen können
- Vorurteile auf Grund des Auftretens oder des Erscheinungsbildes einzelner Teilnehmer

Situationen, die häufig zu Konflikten führen

Sobald einer oder mehrere der oben genannten Punkte in einem Workshop vorliegen, ist die Spannung unter den Teilnehmern vorprogrammiert. Vieles davon – etwa Vorurteile oder Standesdünkel – sind natürlich nicht direkt zu beobachten, der Moderator kann ihr Vorhandensein nur vermuten. In jedem Fall sollte er die Teilnehmer aufmerksam beobachten, um frühzeitig Spannungen zu aufzuspüren. Doch wie erkennt man, ob es ein konstruktiver Konflikt ist, der notwendig ist und die Arbeit voran bringt? Oder ein destruktiver Konflikt, der die Atmosphäre zum Kippen bringen kann? Deutliche Signale für einen entstehenden Konflikt sind:

- häufiges Aufeinanderprallen unterschiedlicher Meinungen,
- Sticheleien und der Versuch, den / die anderen verbal zu unterdrücken,
- Abbruch der gemeinsamen Arbeit,
- Bildung von informellen „Grüppchen" unter den Teilnehmern,
- offene Drohungen.

Wie Sie Konflikte konstruktiv lösen

Schon bei den ersten Anzeichen sollten Sie als Moderator das Gespräch mit den Beteiligten suchen.

Bei Sticheleien zwischen zwei Kontrahenten

Bei kleinen Sticheleien reicht es oft, wenn man sich mit den Kontrahenten abseits des Teams zusammensetzt, die Arbeit aller lobt, den Teamgeist betont und das gemeinsame Ziel nochmals in den Fokus stellt. Das heißt nicht, dass Sie eine Heile-Welt-Stimmung schaffen sollen, in der keiner mehr die eigene Meinung vertreten kann. Vielmehr sollte das Work-shop-Thema offen, sachlich und kritisch analysiert werden, nicht jedoch sollten die Teammitglieder sich gegenseitig analysieren. Dies führt erfahrungsgemäß meist zu persönlichen Verletzungen und damit zum Misserfolg des Teams.

Zwei Kontrahenten in einer Diskussion

Beispiel

 In der Gruppendiskussion geraten zwei Teilnehmer aneinander. Sie diskutieren immer heftiger miteinander und der Moderatorin gelingt es nicht mehr, die Diskussion zu moderieren.

Was kann die Moderatorin tun? In diesem Fall sollte sie die beiden Kontrahenten zu einem moderierten Gespräch außerhalb der Gruppe bitten. Darin können die einzelnen Meinungen klar dargelegt werden. Dann sollte sie nochmals auf das gemeinsame Ziel hinweisen und von beiden Teilnehmern Lösungsvorschläge für die Situation einfordern. In Abstimmung wird die Lösung festgelegt und anschließend in der Gruppe vorgestellt. Diese Art der Konfliktlösung verhindert, dass die Streitigkeiten zwischen zwei Kontrahenten dazu führen, dass die gesamte Gruppe sich spaltet und die Diskussion ausartet.

Konflikt in der ganzen Gruppe

Sind mehr als zwei Personen an dem Konflikt beteiligt oder
droht der Konflikt zu eskalieren, ist es meist besser, die Arbeit
zu unterbrechen und alle Teilnehmer zu einem gemeinsamen
Gespräch zu versammeln. Dabei sollten alle die Möglichkeit
haben, ihre Meinung und ihre Emotionen auszudrücken. Alle
Teilnehmer können dann Vorschläge zur Lösung des Konflik-
tes anbieten. Gemeinsam wird über die Vorschläge und / oder
die weitere Vorgehensweise abgestimmt und anschließend
ein gemeinsames Ziel festgelegt. Denken Sie bitte daran, für
das Konfliktgespräch eine angenehme Atmosphäre zu schaffen. Das löst Spannungen und sorgt dafür, dass sich die
Teammitglieder wohl fühlen. Dazu reicht es oft schon aus,
wenn zum Gespräch Getränke und Knabbereien gereicht
werden.

Wie Sie Konflikten vorbeugen

Die erste Möglichkeit, ein günstiges Gruppenklima zu schaffen, ist es, vor Beginn des Workshops gemeinsam die Verhaltensregeln aufzustellen, die dann auf einem Plakat festgehalten und im Raum – für jede/n gut sichtbar – angebracht
werden (siehe S. 64). Vor allem, wenn der Workshop über
mehrere Tage geht, sind außerdem folgende Maßnahmen
sinnvoll:

- Überprüfen Sie einmal täglich mit allen Beteiligten, wie
  diese die Ergebnisse des Tages beurteilen.
- Bieten Sie allen Teilnehmern bei diesem Tagesrückblick
  außerdem die Möglichkeit, zu erzählen, wie sie sich in der

gemeinsamen Arbeit gefühlt haben. Dies hilft auch, Spannungen vorzubeugen, die sich sonst über Nacht zu offenen Aggressionen entwickeln könnten.

Schwierige Situationen meistern

Auch zwischen den Teilnehmern und dem Moderator kann es zu Konfliktsituationen kommen:

- Die Teilnehmer verweigern Methoden. Dann sollte der Moderator die Teilnehmer befragen, was sie an der Methode stört. Zudem sollte er den Sinn der Methode erklären und im Zweifelsfall eine andere Methode wählen.

- Die Teilnehmer sind unmotiviert, arbeiten nicht oder sehr wenig mit, auch in der Gruppe. Oft hilft in diesem Fall eine kurze Pause, in der die einzelnen Teilnehmer in kurzen Gesprächen nach der Ursache für ihre Arbeitsverweigerung befragt werden. Gemeinsam sollte dann eine Möglichkeit gefunden werden, dies zu ändern. Anschließend kann der Workshop weitergeführt werden.

- Ein oder mehrere Teilnehmer äußern Unzufriedenheit mit dem Moderator oder dem ganzen Ablauf. Stellen Sie das Thema in der Gruppe zur Diskussion. Beziehen Sie die Teammitglieder in die Verantwortung für das Gelingen des Workshops mit ein und erarbeiten Sie mit der Gruppe gemeinsam eine Lösung, die dann umgesetzt werden kann.

- Ständig reicht die Zeit nicht (in der Gruppenarbeit, in der Bewertung usw.). Dann sollte der Moderator mit der Gruppe abstimmen, für welche Teile des Workshops mehr

Zeit zur Verfügung stehen sollte bzw. wo Zeit eingespart werden kann. Eventuell können Themenbereiche in größeren Gruppen schneller abgehandelt werden.

Achtung Falle: Die häufigsten Fehler vermeiden

Natürlich hängt der Erfolg jedes Workshops von verschiedenen Faktoren ab. Das Arbeitsklima im Unternehmen, die Zusammensetzung des Teilnehmerkreises, die technischen Voraussetzungen und die Atmosphäre im Workshop bedingen und beeinflussen sich gegenseitig. Umso wichtiger ist es für den Moderator, typische und bekannte Fehler zu vermeiden.

1 Sorgen Sie für konstruktiven Umgang

Beispiel

Die Stimmung unter den Teilnehmern ist gereizt. Alle haben eine aufreibende und stressige Arbeitswoche hinter sich, das Arbeitsklima innerhalb der Abteilungen ist ohnehin schon nicht das Beste und nun wurden die Mitarbeiter auch noch aufgefordert, ihr freies Wochenende diesem Workshop zu opfern, um eine Lösung für die Firma zu finden.

Eine häufige Falle: Der Umgang der Teilnehmer ist von vornherein nicht besonders höflich, einer fällt dem anderen ins Wort und manche verkneifen sich nicht abwertende Bemerkungen über Vorschläge ihrer Kollegen. Darunter wird das Workshop-Ergebnis natürlich leiden. Beobachten Sie, wie die Teilnehmer miteinander umgehen. Fordern Sie die Teilnehmer von vornherein – am besten indem Sie die auf S. 64 geschilderten Spielregeln vereinbaren – zu einem freundlichen, höflichen und respektvollen Umgang miteinander auf. Erinnern Sie die Teilnehmer auch immer wieder daran, wenn Sie merken, dass manche die Spielregeln nicht einhalten. Denken Sie daran: Sie sind Leiter und Vorbild. Schreiten Sie ein, sobald Sie bemerken, dass sich ein Konflikt anbahnt (siehe Kapitel „Konflikte konstruktiv lösen", S. 109).

2 Halten Sie die Teilnehmer auf der Zielgeraden

Gerade bei Workshops mit schwierigen, möglicherweise sogar unangenehmen Themen besteht die Gefahr, dass die Teilnehmer vom eigentlichen Thema abweichen. Deshalb beobachten Sie bitte – auch während der Gruppenarbeit – die Teilnehmer aufmerksam und greifen Sie rechtzeitig ein, wenn die Gespräche oder die Arbeit über längere Zeit vom Thema abweichen. Auch wenn viele Teilnehmer häufig Arbeitsaufträge nicht nachvollziehen können oder sich wenig beteiligen, kann dies ein Signal für Sie sein, dass den Teilnehmern die Zielsetzung noch nicht oder nicht mehr klar ist.

Bcispiel

 Der Moderator des Workshops bemerkt, dass die Stimmung der Teilnehmer zunehmend gereizt ist. Immer häufiger wird die Frage nach dem Sinn des Workshops gestellt. In diesem Fall ist es ratsam, eine kurze Pause einzulegen und anschließend noch einmal das Ziel des Workshops und die einzelnen Aufgaben, eventuell auch die Schwerpunkte der Aufgaben visuell auf einem Flipchart darzustellen. Fragen Sie gezielt die einzelnen Teilnehmer, ob die Aufgabenstellung klar ist und von allen verstanden wurde. Eventuelle Fragen sollten jetzt geklärt werden, um im Anschluss wieder in den Gruppen die Arbeit aufzunehmen.

3 Leiten Sie die Teilnehmer zur Zusammenarbeit an

Sehr oft bilden sich in Workshops kleine Grüppchen, weil man sich kennt und / oder mag. Dabei entsteht die Gefahr, dass dann nicht mehr miteinander, sondern gegeneinander gearbeitet wird. Deshalb versuchen Sie als Moderator, auf das gemeinsame Arbeiten einzuwirken:

Beispielsweise können Sie die Gruppe immer wieder als Ganzes zu einem kurzen Austausch zusammenführen. Weisen Sie auf die gemeinsame Zielsetzung hin. Manchmal – vor allem wenn sich innerhalb der Gruppen Gruppierungen bilden, die nur mehr in dieser Zusammenstellung zusammenarbeiten möchten – kann es hilfreich sein, die Gruppen neu zu mischen. Achten Sie darauf, dass jeder Teilnehmer die Möglichkeit hat, sich einzubringen, indem Sie beispielsweise einzelne gezielt um ihre Meinung fragen und: Überwachen Sie die Fortschritte in der Gruppe im Sinne der Zielerreichung, zum Beispiel dadurch, dass Sie die auf einem Flipchart vereinbarten Ziele in einzelne Schritte aufteilen und diese nach der Umsetzung abhaken. Tragen Sie als Moderator Sorge für ein diszipliniertes Arbeiten, unterbrechen Sie ruhig auch mal Gespräche, wenn Sie bemerken, dass diese zu weit vom Thema abweichen.

4 Stellen Sie die Weichen für die Umsetzung

Ist der Workshop beendet, sorgen Sie dafür, dass Beschlüsse und Arbeitsaufträge verständlich, so genau wie möglich und mit einem Zeitraster für die Umsetzung dokumentiert werden. Damit dafür am Ende des Workshops genügend Zeit ist, müssen Sie natürlich von vornherein Zeit einplanen und während des Workshops auf die Einhaltung des Zeitplans achten.

5 Steuern Sie die Kontrolle der Umsetzung schon im Workshop ein

Ein Workshop ist nur so gut wie die spätere Umsetzung der Beschlüsse. Deshalb sollte diese Umsetzung überwacht werden. Alle Beteiligten sollen außerdem das Gefühl haben, ihre Arbeit und Zeit im Workshop sinnvoll eingebracht zu haben. Was Sie als Moderator dafür tun können: Mit dem Maßnahmenkatalog bereits Verantwortliche benennen, welche die Einhaltung der Maßnahmen kontrollieren. Denken Sie daran, dass Ihr Auftraggeber auch Sie als Moderator womöglich daran misst, ob die im Workshop gefassten Beschlüsse in der Praxis tatsächlich umgesetzt werden.

Auf einen Blick: Aufgaben des Moderators

- Der Moderator stellt den Teilnehmern fundierte Informationen zum Thema, zu den Zielen und Hintergründen zur Verfügung (z. B. auch durch die Einladung von Experten).

- Er sorgt dafür, dass alle Ziele, Ideen und Ergebnisse des Workshops ausreichend visualisiert und dokumentiert werden, entweder indem er dies selbst übernimmt oder diese Aufgabe an Teilnehmer vergibt.

- Er schafft eine positive Arbeitsatmosphäre. Er gibt Denkanstöße und regt mittels Kreativitätstechniken die Fantasie der Teilnehmer so an, dass sich die Quantität und Qualität der Ergebnisse erhöhen.

- Er leitet die Teilnehmer an und steuert das Geschehen, wo es notwendig ist. Er sorgt dafür, dass sich alle aktiv einbringen können, und er achtet auf die Einhaltung des Terminplans.

- Er beobachtet aufmerksam die Teilnehmer, so dass er Konfliktpotenzial frühzeitig erkennt. Konflikte löst er konstruktiv, indem er das Gespräch mit den Beteiligten sucht und gemeinsame Lösungsvorschläge einfordert.

- Ein täglicher gemeinsamer Rückblick aller Teilnehmer kann Konflikten vorbeugen.

Workshop – und dann?

Ein Workshop ist mit seinem Ende nicht zu Ende. Das soll heißen: Wichtigstes Ergebnis eines Workshops sind ja Maßnahmen für die Praxis – und diese sollen umgesetzt werden. Der Moderator kann nach dem Workshop einiges dafür tun, um diese Umsetzung nachhaltig zu unterstützen.

In diesem Kapitel lesen Sie,

- wie Sie nach dem Workshop alle Beteiligten und den Auftraggeber über die Ergebnisse informieren,
- wie Sie sicherstellen, dass die Umsetzung in Gang kommt,
- wie Sie die Projektverantwortlichen briefen.

Die Weichen für die Umsetzung stellen

Als Moderator gehört die Nachbereitung des Workshops zu Ihren Aufgaben. Dabei sollten Sie das Ziel verfolgen, die Umsetzung der Ergebnisse des Workshops anzustoßen.

Checkliste: Nach dem Workshop

- Gleich nach dem Workshop: Eine E-Mail an die Teilnehmer schicken – mit nochmaligen Dank und eventuell einem Gruppenfoto. Das fördert die positive Erinnerung an den Workshop und stimmt die Teilnehmer gleich darauf ein, dass es jetzt weitergeht.

- Den Bericht über den Ablauf und die Ergebnisse verfassen.

- Den Bericht an die Teilnehmer und den Auftraggeber verschicken.

- Einen Termin für ein Folgetreffen der Teilnehmer bzw. der im Workshop benannten Projektverantwortlichen vereinbaren, indem Sie den Bericht übergeben.

- Das Briefing der Projektverantwortlichen vorbereiten.

- Wenn vor dem Workshop mit dem Auftraggeber vereinbart wurde, dass die Ergebnisse nicht nur berichtet, sondern präsentiert werden: Einen Termin für die Präsentation mit dem Auftraggeber und einzelnen Workshop-Teilnehmern festlegen.

Den Workshop berichten

Damit die im Workshop erreichten Ergebnisse nun im Arbeitsalltag effektiv umgesetzt werden können, ist es Ihre Aufgabe als Moderator einen ausführlichen Bericht über den Workshop zu erstellen. Dabei dokumentieren Sie Folgendes:

- das Thema und die Ziele,
- die Aufgaben der Teilnehmer bzw. der Gruppen,
- die Ergebnisse der Gruppenarbeit,
- die wichtigsten Diskussionspunkte,
- die Entscheidungen sowie
- der Maßnahmenplan mit verantwortlichen Personen und Terminen.

Vor allem müssen in dem Bericht sämtliche getroffenen Vereinbarungen und Beschlüsse dokumentiert werden, damit sich auch Personen, die nicht am Workshop beteiligt waren, aber z. B. im folgenden Projekt mitarbeiten, daran orientieren können. Motivierend und anschaulich wirken auch Bilddokumente wie Fotos innerhalb Ihres Berichts. Denken Sie daran: Die Ergebnisse und damit die Zielerreichung sollten so konkret wie möglich dargestellt werden.

Den Bericht geben Sie anschließend an die Teilnehmer weiter. Wichtig ist, dass den Bericht vor allem die Personen, die im Maßnahmenplan mit der Verantwortung für die Umsetzung der Beschlüsse beauftragt wurden, erhalten. Sie können den Bericht per Mail verschicken, besser noch ist es, ihn den

Verantwortlichen in einem Folgetreffen kurz persönlich vorzustellen (siehe unten).

Auch an den Auftraggeber sollte eine Rückmeldung mit ausführlichem Bericht in schriftlicher Form erfolgen, gleich ob Kunde oder Geschäftsführer. Dadurch machen Sie deutlich, dass das Ziel des Auftraggebers im Workshop von allen Beteiligten ernst genommen wurde und sich die investierte Zeit für alle gelohnt hat.

Wenn Sie eine andere Form der Berichterstattung (z. B. Präsentation) vereinbart hatten, sorgen Sie für einen entsprechenden Termin.

Das Folgetreffen: Projektverantwortliche briefen

In vielen Fällen wird im Unternehmen aus dem Maßnahmenpaket, das im Workshop beschlossen wurde, ein Projekt. Zunächst sollten Sie den oder die Projektverantwortlichen ermitteln, die nach Ende des Workshops die festgelegten Ziele verfolgen und die weiteren Wege beschreiten wollen, d. h. ein Projekt durchführen werden – falls nicht schon im Workshop im Rahmen der Erstellung des Maßnahmenkatalogs geschehen.

Schnittstelle zwischen Workshop und Umsetzung

Sie können für das Briefing der Projektverantwortlichen eine Auftaktveranstaltung durchführen, um den Beginn der Umsetzungsphase einzuläuten und zu signalisieren, dass jetzt eine der wichtigsten Phasen kommt.

In der Auftaktveranstaltung können Sie oder bereits die Projektverantwortlichen das Projekt und insbesondere die Ziele und den Maßnahmenplan sowie die weiteren Teammitglieder vorstellen. Sind die Verantwortlichen bei den Workshops dabei gewesen, haben sie sich schon durch den Entwicklungsprozess im Workshop intensiv mit dem Thema auseinandergesetzt. Sind Projektverantwortliche im Team, die nicht am Workshop teilgenommen haben, müssen sie umfassend über die Ergebnisse des Workshops (Maßnahmenplan mit Thema, Ziel, Verantwortlichen und Datum) informiert werden.

Im weiteren Verlauf sollten dann die üblichen Punkte eines Kick-Off-Meetings geklärt werden bzw. weitere Termine dafür vereinbart werden.

Moderator = Projektbegleiter?

Vielleicht sind Sie als Moderator auch in die Umsetzungsphase eingebunden. Dann haben Sie eine entscheidende Rolle: Sie haben die Verantwortung, das Team mit den aktuellen Informationen zu versorgen, zu motivieren, zu steuern und immer wieder eine Standortbestimmung durchzuführen. Sie begleiten die Gruppe bei ihrer Umsetzung und legen gemeinsam mit ihnen Teilziele fest.

In diesem Fall sollten Sie sich mit dem Projektverantwortlichen präzise abstimmen, was Ihre Aufgaben sind und wie Sie diese bis wann erledigen.

Auf einen Blick: Workshop – und dann?

- Wichtig ist es, die Umsetzung der Ergebnisse gleich nach dem Workshop aktiv anzustoßen.

- Der Moderator kann dazu beitragen, indem er den Workshop intensiv nachbereitet.

- Zur Nachbereitung gehören: eine E-Mail an die Teilnehmer zu versenden (mit Dank und Gruppenfoto, falls möglich) sowie den Workshop-Bericht an alle Beteiligten, auch an den Auftraggeber. Falls mit diesem im Vorfeld die Präsentation der Workshop-Ergebnisse vereinbart wurde, organisiert der Moderator den entsprechenden Termin.

- Über den schriftlichen Bericht hinaus werden die Projektverantwortlichen am besten in einem ersten Folgetreffen gebrieft. Dieses ist in den meisten Fällen zugleich das Kick-Off-Meeting des neuen Projekts.

Stichwortverzeichnis

Bibliografische Information der Deutschen Nationalbibliothek
Die Deutsche Nationalbiliothek verzeichnet diese Publikation in der Deutschen Natio-
nalbibliografie; detaillierte bibliografische Daten sind im Internet über
http://dnb.d-nb.de abrufbar.

ISBN 978-3-448-09324-7
Bestell-Nr. 01308-0001

© 2010, Haufe-Lexware GmbH & Co KG, Munzingerstraße 9, 79111 Freiburg
Redaktionanschrift: Fraunhoferstraße 5, 82152 Planegg
Fon (0 89) 8 95 17-0, Fax (0 89) 8 95 17-2 50
E-Mail: online@haufe.de
Internet: www.haufe.de
Redaktion: Jürgen Fischer
Redaktionsassistenz: Christine Rüber

Konzeption und Lektorat: Sylvia Rein, 81371 München
Umschlaggestaltung: Kienle gestaltet, 70178 Stuttgart
Umschlagentwurf: Agentur Buttgereit & Heidenreich, 45721 Haltern am See
Druck: freiburger graphische betriebe, 79108 Freiburg

Zur Herstellung der Bücher wird nur alterungsbeständiges Papier verwendet.

Die Autorinnen

Susanne Beermann

ist seit vielen Jahren freiberufliche Trainerin in den Bereichen EDV, Organisationsmanagement und Lerntechniken. Des Weiteren ist sie als Verlagsberaterin mit Schwerpunkt Marketingkonzeptionen und Projektmanagement tätig.

Monika Schubach

ist freiberufliche EDV-Trainerin, Gutachterin und Autorin sowie Lehrerin für Informatik. Darüber hinaus organisiert und moderiert sie seit vielen Jahren sehr erfolgreich Workshops, Seminare und Kongresse für Unternehmen und Verbände.

Eva Augart

ist Journalistin, Autorin und Inhaberin einer PR-Agentur. Außerdem ist sie systemischer Coach, psychologische Beraterin, anerkannte Existenzgründungsberaterin, Projektmanagerin und Trainerin.

Von ihr stammen die Texte zu den Themen Aufgabenverteilung, Konfliktlösung, schwierige Situationen (S. 65; 109-118).

Weitere Literatur

„Spiele für Workshops und Seminare", von Susanne Beermann und Monika Schubach, 128 Seiten, 6,90 Euro.
ISBN 978-3-448-09284-4, Bestell-Nr. 00878

TaschenGuides – Qualität entscheidet